酷科学 科技前沿
KU KEXUE KEJI QIANYAN

人类高新科技的
开发与应用

张红琼◎主编

时代出版传媒股份有限公司

安徽美术出版社

全国百佳图书出版单位

图书在版编目（CIP）数据

人类高新科技的开发与应用/张红琼主编．—合肥：安徽美术出版社，2013.1（2021.11重印）

（酷科学．科技前沿）

ISBN 978－7－5398－3574－7

Ⅰ.①人… Ⅱ.①张… Ⅲ.①科学技术－青年读物②科学技术－少年读物 Ⅳ.①N49

中国版本图书馆 CIP 数据核字（2013）第 044356 号

酷科学·科技前沿
人类高新科技的开发与应用

张红琼 主编

出 版 人：王训海
责任编辑：张婷婷
责任校对：倪雯莹
封面设计：三棵树设计工作组
版式设计：李　超
责任印制：缪振光
出版发行：时代出版传媒股份有限公司
　　　　　安徽美术出版社（http://www.ahmscbs.com）
地　　址：合肥市政务文化新区翡翠路 1118 号出版传媒广场 14 层
邮　　编：230071
销售热线：0551-63533604　0551-63533690
印　　制：河北省三河市人民印务有限公司
开　　本：787mm×1092mm　1/16　印　张：14
版　　次：2013 年 4 月第 1 版　2021 年 11 月第 3 次印刷
书　　号：ISBN 978－7－5398－3574－7
定　　价：42.00 元

{PREFACE}

前言

人类高新科技的开发与应用

　　当今世界正步入知识经济时代，科技进步已成为推动经济发展的决定性因素，高新技术产业的发展已成为衡量一个国家、一个地区经济水平的重要标尺之一。20 世纪是科学技术空前辉煌的世纪，人类创造了历史上最为巨大的科学成就和物质财富。这些成就深刻地改变了人类的思维观念和对世界的认识，更改变了世界的面貌与社会的发展方向。

　　本书从趣味的角度出发，重点向您介绍了高新科技的最新动态、最新成就及对人类社会发展产生的深刻影响，有开阔读者视野，启发读者思维，提高读者综合素质，激发读者探索精神的作用。

CONTENTS
目录

人类高新科技的开发与应用

1

能源技术领域

新材料领域

生物技术领域

　　生物技术的发展经历了传统生物技术和现代生物技术两个阶段，本章向您讲述的是现代生物技术。它包括基因工程、细胞工程、航天育种技术以及移植术等，其中基因工程为核心技术。由于生物技术将会为解决人类面临的重大问题如粮食、健康、环境、能源等开辟广阔的前景，所以它与计算机微电子技术、新材料、新能源、航天技术等共同被列为高科技，被认为是21世纪科学技术的核心。

生物技术的核心——基因工程

◎ 基因工程简介

基因工程，即重组 DNA 技术，是指对不同生物的遗传基因，根据人们的意愿，进行基因的切割、拼接和重新组合，再转入生物体内，产生出人们所期望的产物，或创造出具有新的遗传特征的生物类型。世界上第一批重组 DNA 分子诞生于 1972 年，次年几种不同来源的 DNA 分子装入载体后被转入到大肠杆菌中表达，标志着基因工程正式登上了历史舞台。

基因工程彻底改变了传统生物科技的被动状态，使得人们可以克服物种间的遗传障碍，定向培养或创造出自然界所没有的新的生命形态，以满足人类社会的需要。

定向控制生物遗传的技术，也就是基因重新组合的技术，用改变遗传方向的方法，获得新的遗传个体，从而改变物种或创造出新的物种。转基因生物就是将外源基因转入动物或植物，使其表达出原来所没有的某种性状，得到的新型生物称为转基因动物或转基因植物。

迄今为止，基因工程还没有用于人体，但已在从细菌到家畜的几乎所有非人生命物体上做了实验，并取得了成功。

基因工程技术使得许多植物具有了抗病虫害和抗除草剂的能力。在美国，大约有一半的大豆都是转基因的。世界各国科学家已对 54 种植物试验转基因成功，如水稻、玉米、马铃薯、棉花、大豆、油菜、番茄、黄瓜。中国科学家率先培育出世界上首例转基因杂交稻，可以有效地解决稻田中荒草与杂交稻混杂的问题。

中国科学家已成功地通过外源基因移植，将牛、羊的生长激素基因导入鲤鱼的受精卵中，获得第一代转基因鱼。利用细胞融合技术，中国科学家已培育出普通烟草与黄花烟草、普通烟草与粉蓝烟草……为远缘杂交育种开辟了新途径。

知识小链接

马铃薯

　　马铃薯为多年生草本植物，但作一年生或一年两季栽培。马铃薯地下块茎呈圆、卵、椭圆等形状，有芽眼，皮红、黄、白或紫色；地上茎呈菱形，有毛。根据营养专家黎匀分析，马铃薯生命力指数为8.6，证明对生命力的提高有效；防病指数为126.67，属于高指数范围。

　　随着 DNA 的内部结构和遗传机制的秘密一点一点呈现在人们眼前，特别是当人们了解到遗传密码是由 RNA 转录表达的以后，生物学家不再仅仅满足于探索、提示生物遗传的秘密，而是开始跃跃欲试，设想在分子的水平上去干预生物的遗传特性。

　　人类基因组研究是一项生命科学的基础性研究。有科学家把人类基因组图谱看成是指路图，或化学中的元素周期表；也有科学家把人类基因组图谱比作字典，但不论是从哪个角度去阐释，破解人类自身的基因密码，以促进人类健康、预防疾病、延长寿命，其应用前景都是极其美好的。

　　科学研究证明，一些困扰人类健康的主要疾病，例如心脑血管疾病、糖尿病、肝病、癌症等都与基因有关。依据已经破译的基因序列和功能，找出这些基因并针对相应的病变区位进行药物筛选，甚至基于已有的基因知识来设计新药，就能"有的放矢"地修补或替换这些病变的基因，从而根治顽症。基因药物将成为 21 世纪医药中的耀眼明星。基因研究不仅能够为筛选和研制新药提供基础数据，也能为利用基因进行检测、预防和治疗疾病提供了可能。比如，有同样生活习惯和生活环境的人，由于具有不同的基因序列，对同一种病的易感性就大不一样。明显的例子有，同为吸烟人群，有人就易患肺癌，有人则不然。医生会根据各人不同的基因序列给予因人而异的指导，使其养成科学合理的生活习惯，最大可能地预防疾病。

◎ 基因工程大事记

1860 年至 1870 年，奥地利学者孟德尔根据豌豆杂交实验提出遗传因子概念，并总结出孟德尔遗传定律。

1909 年，丹麦植物学家和遗传学家约翰森首次提出"基因"这一名词，用以表达孟德尔的遗传因子概念。

1944 年，3 位美国科学家分离出细菌的 DNA（脱氧核糖核酸），并发现 DNA 是携带生命遗传物质的分子。

1953 年，美国人沃森和英国人克里克通过实验提出了 DNA 分子的双螺旋模型。

1969 年，科学家成功分离出第一个基因。

孟德尔

孟德尔，1822 年 7 月 20 日出生于奥地利，是遗传学的奠基人，被誉为现代遗传学之父。孟德尔通过豌豆杂交实验，发现了遗传规律、分离规律及自由组合规律。

1980 年，科学家首次培育出世界第一个转基因动物——转基因小鼠。

1983 年，科学家首次培育出世界第一个转基因植物——转基因烟草。

1988 年，美国科学家发明了聚合酶链式反应（PCR）技术。

1990 年 10 月，被誉为生命科学领域的"阿波罗登月计划"的国际人类基因组计划启动。

1998 年 12 月，一种小线虫完整基因组序列的测定工作宣告完成，这是科学家第一次绘出多细胞动物的基因组图谱。

1999 年 9 月，中国获准加入国际人类基因组计划，负责测定人类基因组全部序列的 1%。中国是继美、英、日、德、法之后第六个国际人类基因组计划参与国。

1999 年 12 月 1 日，国际人类基因组计划联合研究小组宣布，完整破译出人体第 22 对染色体的遗传密码，这是人类首次成功地完成人体染色体完整基因序列的测定。

　　2000 年 4 月底，中国科学家按照国际人类基因组计划的部署，完成了 1% 人类基因组的工作框架图。

　　2000 年 5 月 8 日，德、日等国科学家宣布，已基本完成了人体第 21 对染色体的基因序列的测定工作。

　　2000 年 6 月 26 日，科学家公布人类基因组工作草图，标志着人类在解读自身"生命之书"的路上迈出重要一步。

　　2000 年 12 月 14 日，美、英等国科学家宣布绘出阿拉伯芥基因组的完整图谱，这是人类首次全部破译出一种植物的基因序列。

　　2001 年 2 月 12 日，中、美、日、德、法、英 6 国科学家和美国塞莱拉公司联合公布人类基因组图谱及初步分析结果。

◎ 新世纪到来时，基因时代的全球版图

　　英国：早在 20 世纪 80 年代中期，英国就有了第一家生物科技企业，是欧洲国家中发展最早的。如今，欧洲上市的生物技术公司中，英国公司的数量最多。

　　德国：德国政府认识到，生物科技将是保持德国未来经济竞争力的关键，于是在 1993 年通过立法，简化生物技术企业的审批手续，并且成立了 3 个生物技术研究中心。1999 年，德国研究人员申请的生物技术专利已经占到了欧洲的 14%。

　　法国：法国政府花费巨额资金用于生物技术的研究，其中最典型的项目就是 1998 年在巴黎附近成立的号称"基因谷"的科技园区，这里聚集着法国最有潜力的新兴生物技术公司。此外，其他的法国城市也准备仿照"基因谷"建立自己的生物科技园区。

　　西班牙：马尔制药公司是该国生物科技企业的代表，该公司专门从海洋生物中寻找抗癌物质，其中最具开发价值的是 ET – 743。这是一种从加勒比海和地中海的海底喷出物中提取的红色抗癌药物，用于治疗骨癌、皮肤癌等

多种常见癌症。

印度：印度政府资助全国 50 多家研究中心来收集人类基因组数据。印度人口的基因库是全世界保存得最完整的，这对于科学家寻找遗传疾病的病理和治疗方法来说是个非常宝贵的资料库，但印度的私营生物技术企业还处于起步阶段。

你知道吗

巴　黎

巴黎是法国的首都和最大的城市，也是法国的政治、经济、文化中心，同时又是四大世界级城市之一，与美国组约、英国伦敦和日本东京并列。

日本：日本政府在 2001 年将用于生物技术研究的经费增加了 23%。一家私营企业还成立了"龙基因中心"，它将是亚洲最大的基因组研究机构。

新加坡：新加坡宣布了一项耗资约 6000 万美元的基因技术研究项目，研究疾病对不同的人会产生什么不同的影响。该计划重点分析基因差异，以最终获得用于确定和治疗疾病的新知识，并设立高新技术公司来制造这一研究所衍生出的药物和医疗产品。

中国：中国参与了人类基因组计划，测定了 1% 的基因序列，这为 21 世纪的中国生物产业带来了光明。这"1% 项目"使中国走进生物产业的国际先进行列，也使中国理所当然地分享人类基因组计划的全部成果、资源与技术。

◎ 神奇的基因工程分析术

破解生物的遗传密码，在很多领域都有着深远的应用价值。利用生物的 DNA 及基因信息，不仅可以打击犯罪、维护社会正义，而且还可以梳理不同生物间的关系。基因信息还可充当"过去时代的信使"，帮助古人类学家寻根问祖，探索人类的源头。

亲子鉴定

1999 年 3 月 12 日，在北京打工的曾凡彬被人骗出屋后，几名犯罪分子持刀闯入曾家抢走其子曾超。后经公安人员侦查，终将被卖到外地的曾超解救回京，孩子被解救回来后，体貌特征已经发生了很大变化。民警带曾超到北京市公安局法医中心 DNA 实验室抽取血液进行 DNA 检测，在全国丢失儿童父母 DNA 数据库中上网比对，确认了曾超与曾凡彬夫妇 DNA 特征完全吻合，曾超终于回到父母身边。

皇室之谜

法国国王路易十六的儿子路易·夏尔究竟是在 1795 年死于巴黎的一座监狱，还是逃过了法国大革命中的追捕一直是一个谜，有人怀疑路易·夏尔的坟墓里躺的只是个替死鬼。1999 年 12 月，科学家对墓地中不能确定的少年君主进行鉴定，并将其 DNA 结构与健在和已故的皇室成员的 DNA 样本进行了对比，结果证明死者就是路易·夏尔，并分析出死因是结核病。

真假公主

十月革命后，苏俄官方宣布沙皇一家于 1918 年 7 月 19 日被枪决。但一些历史学家怀疑沙皇幼女安娜斯塔西娅公主可能逃过一死。从此，不断有人声称自己就是安娜斯塔西娅公主，特别是其中一位移居美国的妇女甚至取得了沙皇亲属的信任。科学家最终又求助于 DNA 分析法，他们找到了沙皇本人理发留下的头发提取了 DNA，同时找到那名妇女留下的组织片段，对比后发现这名妇女是个"冒牌货"。

调查走私

2000 年 5 月，德国警察在一家工厂发现 560 万支走私香烟，但除了发现现场还有一些空酒瓶和烟蒂之外，没有任何其他关于走私者的线索。但是不久之后，警察在这家工厂附近抓获了 3 名形迹可疑的人，这 3 人不承认是走私者。但警方对犯罪现场酒瓶和烟蒂上唾液的 DNA 进行了检测，证明那些东西就是这 3 人留下的，这 3 人不得不承认了自己的罪行。

鉴别文物

新西兰艺术品商人托尼·马丁为证明其获得的法国 19 世纪印象派画家高更的一些作品是真品四处奔走，其中一个发现使托尼·马丁兴奋不已。他发现这些作品中有一幅油画上粘着 4 根毛发，这些毛发很可能就是高更本人的，因此托尼·马丁决定将这些毛发与高更的曾孙女玛利亚的头发进行 DNA 测试，以验证他的观点，结果测试证明了他的猜想。

探索起源

中国医学科学院医学生物学所所长、课题主持人褚嘉佑等人利用微卫星探针系统研究了遍及中国的 28 个群体以及五大洲民族群体间的遗传关系后发现：现代亚洲人基因遗传物质的原始成分与非洲人相同。基因分析表明：非洲人进入中国后，可能是由于长江天堑阻断，只有少数人到了北方，因此北方人之间的差异较南方人小得多。对此持不同看法的科学家认为：基因检测推断人类起源只是看问题的一个角度，它只能提供间接的证据，仍然属于推测。

医学史上的里程碑——试管婴儿

1978 年，世界上第一个试管婴儿在英国诞生，此后该项研究发展极为迅速，到 1981 年已扩展到 10 多个国家。

◎ 试管婴儿简介

体外受精联合胚胎移植技术（IVF）又称试管婴儿技术，是指分别将卵子与精子取出后，置于试管内使其受精，再将受精卵移植回母体子宫内发育成胎儿。试管婴儿是用人工方法让卵子和精子在体外受精并进行早期胚胎发育，然后移植到母体子宫内发育而诞生的婴儿。

知识小链接

胚　胎

胚胎是专指有性生殖而言，是指雄性生殖细胞和雌性生殖细胞结合成为合子之后，经过多次细胞分裂和细胞分化后形成的有发育成生物成体的能力的雏体。一般来说，卵子在受精后的2周内称为受精卵；受精后的3~8周称为胚胎。

试管婴儿是伴随体外受精技术的发展而来的，最初由英国妇产科医生帕特里克·斯特普托和生理学家罗伯特·爱德华兹合作研究成功的。试管婴儿一诞生就引起了世界科学界的轰动，甚至被称为人类生殖技术的一大创举，也为治疗不孕不育症开辟了新的途径。

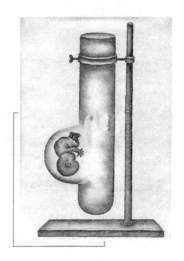

试管中的婴儿

◎ 试管婴儿技术的原理

试管婴儿并不是真正在试管里长大的婴儿，而是从卵巢内取出几个卵子，在实验室里让它们与男方的精子结合，形成胚胎，然后转移胚胎到子宫内，使之在妈妈的子宫内着床，妊娠。正常的受孕需要精子和卵子在输卵管相遇，二者结合，形成受精卵，然后受精卵再回到子宫腔，继续妊娠。所以试管婴儿可以简单地理解成由实验室的试管代替了输卵管的功能而称为试管婴儿。

◎ 试管婴儿技术的发展

第一代：1978年，英国专家帕特里克·斯特普托和罗伯特·爱德华兹合作研究成功了世界上第一个试管婴儿，被称为人类医学史上的奇迹。试管婴儿技术是体外受精等人工助孕技术的俗称，是一项结合胚胎学、内分泌学、遗传学以及显微操作的综合技术，在治疗不孕不育症的方法中最为有效。它是将精子和卵子置于体外利用各种技术使卵子受精，培养几天后移入子宫，使女性受孕生子。第一代试管婴儿技术，解决的是因女性因素引致的不孕。

第二代：1992 年，比利时的巴勒莫医生等首次在人体成功应用卵浆内单精子注射（ICSI），使试管婴儿技术的成功率得到很大的提高。ICSI 不仅提高了成功率，而且使试管婴儿技术适用范围大为扩大，适于男性和女性不孕不育症。第二代技术发明后，世界各地诞生的试管婴儿迅速增长。第二代试管婴儿技术，解决因男性因素引致的不育问题。

第三代：随着分子生物学的发展，近年来，在人工助孕与显微操作的基础上，胚胎着床前遗传病诊断（PGD）开始发展并用于临床，使不孕不育夫妇不仅能喜得贵子，而且能优生优育。第三代试管婴儿技术所取得的突破是革命性的，它从生物遗传学的角度，帮助人类选择生育最健康的后代，为有遗传病的未来父母提供生育健康孩子的机会。

◎ 试管婴儿的成功率

从试管婴儿诞生到今天，人类辅助生殖技术有了很大的发展。特别是最近的几年中，因为各项技术的成熟，包括细胞培养液的完善，也包括医务人员经验的丰富，试管婴儿的成功率在世界范围内逐渐提高，从原来的 20% ~ 25% 已经提高到 60% 甚至更高的水平。

试管婴儿的成功率取决于很多方面——取决于内分泌及实验室的条件，取决于技术人员的技术水平，当然也取决于病人的年龄、子宫、卵巢条件以及有没有其他的疾病等，这些都是影响成功率的因素。比如受女方年龄的影响，这是一个最大的影响因素。在 25 岁到 35 岁的女性，试管婴儿的成功率要高于 30% ~40% 的平均水平，有的能达到 50%，或者更高一些，但是到了 35 岁以后成功率逐渐下降，到 40 岁只达到 20% 左右，原因是女性年龄大了以后，卵子的质量和数量都有所下降。

📷▶ 无性繁殖技术——克隆

　　中国古代神话里孙悟空将自己的汗毛变成无数个小孙悟空的离奇故事，表达了人类对复制自身的幻想。1938 年，德国科学家首次提出了哺乳动物克隆的思想，1996 年，体细胞克隆羊"多利"出世后，克隆迅速成为世人关注的焦点。

◎ 克隆简介

　　克隆是英文"clone"一词的音译，是利用生物技术由无性生殖产生与原个体有完全相同基因组的后代的过程。科学家把人工遗传操作动物繁殖的过程叫作克隆，这门生物技术叫作克隆技术，其本身的含义是无性繁殖，即由同一个细胞分裂繁殖而形成的细胞系，该细胞系中每个细胞的基因彼此相同。

克隆羊"多利"

中国成功克隆的兔子和它的代理妈妈

　　克隆技术在现代生物学中被称为"生物放大技术"，它已经历了三个发展时期：第一个时期是微生物克隆，即用一个细菌很快复制出成千上万个和它一模一样的细菌；第二个时期是生物技术克隆，比如用遗传基因——DNA 克隆；第三个时期是动物克隆，即由一个细胞克隆成一个动物。克隆绵羊"多利"由一头母羊的体细胞克隆而来，使用的便是动物克隆技术。

英国和我国等国在 20 世纪 80 年代后期先后利用胚胎细胞作为供体，克隆出了哺乳动物。到 20 世纪 90 年代中期，我国已用此种方法克隆了老鼠、兔子、山羊、牛、猪 5 种哺乳动物。

1996 年 7 月 5 日，英国科学家克隆出一只基因结构与供体完全相同的小羊"多利"，世界舆论为之哗然。"多利"的特别之处在于它的生命的诞生没有精子的参与。研究人员先将一只绵羊卵细胞中的遗传物质吸出去，使其变成空壳，然后从一只 6 岁的母羊身上取出一个乳腺细胞，将其中的遗传物质注入卵细胞空壳中。这样就得到了一个含有新的遗传物质但却没有受过精的卵细胞。这一经过改造的卵细胞通过分裂、增殖形成胚胎，再被植入另一只母羊子宫内，随着母羊的成功分娩，"多利"来到了世界上。

拓展阅读

卵细胞的构造

卵细胞是球形的，有一个核，由卵黄膜包裹着。卵细胞的外面具有外被，其成分主要是糖蛋白，是由卵细胞或其他细胞分泌的。在哺乳动物中这种外被被叫作透明带，其作用是保护卵细胞，阻止异种精子进入。许多卵细胞的透明带下面还有一层分泌性的囊泡，称为皮层颗粒，受精时以外排的方式释放皮层颗粒能引起透明带结构的变化，形成受精膜，阻止其他精子进入。

但为什么其他克隆动物并未在世界上产生这样大的影响呢？这是因为其他克隆动物的遗传基因来自胚胎，且都是用胚胎细胞进行的核移植，不能严格地说是无性繁殖。另一原因，胚胎细胞本身是通过有性繁殖的，其细胞核中的基因组一半来自父本，一半来自母本。而"多利"的基因组，全都来自单亲，这才是真正的无性繁殖。因此，从严格的意义上说，"多利"是世界上第一个真正克隆出来的哺乳动物。

克隆是人类在生物科学领域取得的一项重大技术突破，反映了细胞核分化技术、细胞培养和细胞控制技术的进步。

◎ 一些克隆的动物及克隆时间

绵羊：1996 年，"多利"

猕猴：2000 年 1 月，"特拉"，雌性

猪：2000 年 3 月，5 只苏格兰小猪，雌性

鼠：2002 年，"拉夫尔"

骡：2003 年 5 月，"爱达荷格姆"，雄性；6 月，"犹他先锋"，雄性

鹿：2003 年，"杜威"

马：2003 年，"普罗梅蒂亚"，雌性

狗：2005 年，韩国首尔大学实验队，"史努比"

猪：2005 年 8 月 8 日，中国第一头供体细胞克隆猪

◎ 近年来克隆研究的重要成果

克隆羊"多利"的诞生在全世界掀起了克隆研究的热潮，随后，有关克隆动物的报道接连不断。

1997 年 3 月，美国和澳大利亚科学家分别发表了他们成功克隆猴子和牛的消息。不过，他们都是采用胚胎细胞进行克隆，其意义不能与"多利"相比。同年 7 月，罗斯林研究所和 PPL 公司宣布用基因改造过的绵羊胎儿成纤维细胞克隆出世界上第一头带有人类基因的转基因绵羊"波利"。这一成果显示了克隆技术在培育转基因动物方面的巨大应用价值。

1998 年 7 月，美国夏威夷大学用小鼠卵丘细胞克隆出 27 只成活小鼠，其中 7 只是由克隆小鼠再次克隆的后代，这是继"多利"之后的第二批哺乳动物体细胞核移植后代。

乳 腺

乳腺位于皮下浅筋膜的浅层与深层之间。浅筋膜伸向乳腺组织内形成条索状的小叶间隔，一端连于胸肌筋膜，另一端连于皮肤，将乳腺腺体固定在胸部的皮下组织之中。

此后，美国、法国、荷兰和韩国等国科学家也相继报道了体细胞克隆牛成功的消息。日本科学家的研究热情尤为惊人，1998 年 7 月至 1999 年 4 月，东京农业大学、近畿大学、家畜改良事业团、地方家畜试验场以及民间企业（如日本最大的奶商品公司雪印乳业等）纷纷报道了，他们采用牛耳部、臀部肌肉、卵丘细胞以及初乳中提取的乳腺细胞克隆牛的成果。至 1999 年底，全世界已有 6 种类型细胞——胎儿成纤维细胞、乳腺细胞、卵丘细胞、输卵管（或子宫上皮）细胞、肌肉细胞和耳部皮肤细胞的体细胞克隆后代成功诞生。

2000 年 6 月，中国西北农林科技大学利用成年山羊体细胞克隆出两只克隆羊，但其中一只因呼吸系统发育不良而死亡。据介绍，所采用的克隆技术为该研究组自己研究所得，与克隆"多利"的技术完全不同，这表明我国科学家也掌握了体细胞克隆的尖端技术。

在不同种间进行细胞核移植实验也取得了一些可喜成果，1998 年 1 月，美国的科学家们以牛的卵子为受体，成功克隆出猪、牛、羊、鼠和猕猴五种哺乳动物的胚胎，这一研究结果表明，某个物种的未受精卵可以同取自多种动物的成熟细胞核相结合。虽然这些胚胎都流产了，但它对异种克隆的可能性做了有益的尝试。1999 年，美国科学家用牛卵子克隆出珍稀动物盘羊的胚胎，我国科学家也用兔卵子克隆了大熊猫的早期胚胎，这些成果说明克隆技术有可能成为保护和拯救濒危动物的一条新途径。

🔳 克服人类的恐慌——疯牛病

◎ 什么是疯牛病

疯牛病，即牛脑海绵状病，简称 BSE。1985 年 4 月，医学家们在英国发现了一种新病，专家们对这一世界始发病例进行组织病理学检查，并于 1986 年 11 月将该病定名为 BSE，首次在英国报刊上报道。随后，这种病迅速蔓延，英国每年有成千上万头牛患这种神经错乱、痴呆、不久死亡的病。此外，这种病还波及世界其他国家，如法国、爱尔兰、加拿大、丹麦、葡萄牙、瑞士、阿曼和德国。据考察发现，这些国家有的是因为进口英国牛肉引起的。

医学家们发现 BSE 的病程一般为 14 ~ 90 天，潜伏期长达 4 ~ 6 年。这种病多发生在 4 岁左右的成年牛身上。其症状不尽相同，多数病牛中枢神经系统出现变化，行为反常，烦躁不安，对声音和触摸，尤其是对头部触摸过分敏感，步态不稳，经常乱踢以至摔倒、抽搐。发病初期无上述症状，后期出现强直性痉挛，粪便坚硬，两耳对称性活动困难，心跳缓慢（平均 50 次/分），呼吸频率增快，体重下降，极度消瘦，以至死亡。

广角镜

丹麦的地理资源

丹麦的自然资源较贫乏，除石油和天然气外，其他矿藏很少，所需煤炭全部靠进口。丹麦的北海大陆架石油蕴藏量估计为 2.9 亿吨，天然气蕴藏量约 2000 亿立方米。丹麦现已探明褐煤储量 9000 万立方米，其森林覆盖面积为 48.6 万公顷，覆盖率约 10%，北海和波罗的海为其近海重要渔场。

经解剖发现，病牛中枢神经系统的脑灰质部分形成海绵状空泡，脑干灰质两侧呈对称性病变，神经纤维网有中等数量的不连续的卵形和球形空洞，神经细胞肿胀成气球状，细胞质变窄。另外，还有明显的神经细胞变性及坏死。

医学家研究证实，牛患 BSE，是羊瘙痒症传到牛身上所致。羊瘙痒症是绵羊所患的一种致命的慢性神经性机能病。其实羊瘙痒症的发生已有几百年的历史。不过，医学界至今未能找到导致羊瘙痒症的根源，因此，疯牛病的病原也就难以确定。多年来，英国的专家宣称，有 10 例新发现的克雅二氏病患者，据说是吃了患疯牛病的牛肉引起的，由此引起了全球对疯牛病的恐慌。克雅二氏病简称 CJD，是一种罕见的致命性海绵状脑病，据专家们统计，每年在 100 万人中只有一个会得 CJD。

食用被疯牛病污染了的牛肉、牛脊髓的人，有可能染上致命的 CJD，其典型临床症状为出现痴呆或神经错乱，视觉模糊，平衡障碍，肌肉萎缩等。病人最终因精神错乱而死亡。

目前，医学界对 CJD 的发病机理还没有定论，也未找到有效的治疗方法。

◎朊病毒的发现

早在几百年前，人们已经注意到在绵羊和山羊身上患的羊瘙痒症。其症状表现为：丧失协调性、站立不稳、烦躁不安、奇痒难熬，直至瘫痪死亡。20 世纪 60 年代，英国生物学家阿尔卑斯用放射处理破坏 DNA 和 RNA 后，其组织仍具感染性，因而认为羊瘙痒症的致病因子并非核酸，而可能是蛋白质。由于不符合当时的一般认识，也缺乏有力的实验支持，因而这种推断没有得到认同。1947 年，人们发现水貂脑软化病，其症状与羊瘙痒症相似，以后又陆续发现了马鹿和鹿的慢性消瘦病（萎缩病）、猫的海绵状脑病。最为震惊的当首推 1996 年春天疯牛病在英国以至于全世界引起的一场空前的恐慌，甚至引发了政治与经济的动荡，一时间人们"谈牛色变"。

1997 年，诺贝尔生理医学奖授予了美国生物化学家斯坦利·普鲁辛纳，因为他发现了一种新型的生物——朊病毒。朊病毒曾经有许多不同的名称，如非寻常病毒、慢病毒、传染性大脑样变等，多年来的大量实验研究表明，它是一组至今不能查到任何核酸，传染性极强，分子量在 2.7 万～3 万的蛋白质颗粒，它是能在人和动物中引起可传染性脑病的一个特殊的病因。

◎ 疯牛病死亡人数将有所上升

英国政府海绵状脑病顾问委员会的一位科学家警告说：因疯牛病死亡的人数将以每年 30% 左右的速度逐年上升，最终每年可造成成千上万人丧生。科学家们认为，人们可能食用感染 CJD 的牛肉而受感染，但这一致命疾病只有在受害者死后通过对大脑的检查才可能得以确认。

◎ 疯牛病的传染与防治

牛的感染过程通常是：被疯牛病病原体感染的肉和骨髓制成的饲料被牛食用后，经胃肠消化吸收，经过血液到大脑，破坏大脑，使大脑失去功能呈海绵状，导致疯牛病。

人类感染通常是因为下面几个因素：

1. 食用感染了疯牛病的牛肉及其制品也会导致感染，特别是从脊椎剔下的肉（一般德国牛肉香肠都是用这种肉制成）。

知识小链接

胶原蛋白

胶原蛋白是一种生物性高分子物质，在动物细胞中扮演结合组织的角色。它是生物科技产业最具关键性的原材料之一。胶原蛋白的应用领域包括化妆品、食品工业、研究用途等。

2. 某些化妆品除了使用植物原料之外，也有使用动物原料的成分，所以化妆品也有可能含有疯牛病病毒（化妆品所使用的牛羊器官或组织成分有：胎盘素、羊水、胶原蛋白）。

3. 而有一些科学家认为疯牛病在人类身上变异成 CJD 的病因，不是因为吃了感染疯牛病的牛肉，而是环境污染直接造成的。它们认为环境中超标的金属锰含量可能是疯牛病和 CJD 的病因。

现在对于疯牛病的处理，还没有什么有效的治疗办法，只有防范和控制这类病毒在牲畜中的传播。一旦发现有牛感染了疯牛病，只能坚决予以宰杀并进行焚化深埋处理。但也有专家认为，即使染上疯牛病的牛经过焚化处理，但灰烬中仍然含有疯牛病病毒，把灰烬倒在堆填区，病毒就可能会因此而传播出去。

目前，对于这种病毒究竟通过何种方式在牲畜中传播，又是通过何种途径传染给人类，研究得还不够清楚。

航天育种技术

航天育种也称为空间技术育种或太空育种，是指利用返回式航天器和高空气球等所能达到的空间环境对植物的诱变作用以产生有益变异，在地面选育新种质、新材料，培育新品种的农作物育种新技术。就是将普通种子送往太空，使之成为太空种子。

早在 20 世纪 60 年代初，前苏联及美国的科学家开始将植物种子搭载卫星上天，在返回地面的种子中发现其染色体畸变频率有较大幅度的增加。20 世纪 80 年代中期，美国将番茄种子送上太空，在地面试验中也获得了变异的番茄，种子后代无毒，可以食用。1996 年至 1999 年，俄罗斯等国在"和平"号空间站成功种植小麦、白菜和油菜等植物。目前，国外根据载人航天的需要，搭载的植物种子主要用于分析空间环境对于宇航员的安全性，探索空间条件下植物生长发育规律，以改善空间人类生存的小环境，其目的在于要使宇宙飞船最终成为"会飞的农场"，从而解决宇航员的食品自给问题。

我国航天育种研究开始于 1987 年，经过几十年的发展，我国航天育种关键技术研究取得显著进展，在水稻、小麦、棉花、番茄、青椒和芝麻等作物上诱变培育出一系列高产、优质的农作物新品种、新品系和新种质，并从中获得了一些有可能对农作物产量和品质产生重要影响的罕见突变材料。航天育种技术已成为快速培育农作物优良品种的重要途径之一，在生产中发挥作用，为提升我国粮食综合生产能力和农产品市场竞争力提供了重要技术支撑。

民以食为天，农以种为先。优良品种是农业发展的决定性因素，对提高农作物产量、改善农作物品质具有不可替代的作用。目前，我国的绝大部分农作物新品种都是在常规条件下经过若干年的地面选育培育而成的。航天育种工程项目以我国成熟的返回式卫星技术为平台，以粮、棉、油、蔬菜、林果、花卉等为重点，考虑各种不同作物的不同生态区域，选择 9 大类 2000 余份种子材料，进行空间试验。种子回收后，经过育种筛选，培育高产、优质、高效的优异新品种，进行推广和普及，并利用地面模拟试验装置研究各种空间环境因素的生物效应与作用机理，探索地面模拟空间环境因素的途径，提高空间技术育种效率。通过航天育种工程项目的实施，拟选育高产、优质、高效的 10 ~ 15 个有重要经济价值的优异新品种，使主要栽培的品种单产提高 10% 左右，推广面积达到 200 万 ~ 350 万公顷，增产粮

拓展阅读

棉 花

棉花，是锦葵科棉属植物的种子纤维，原产于亚热带，植株为灌木状，在热带地区栽培可长到 6 米高，一般为 1 ~ 2 米。棉花花朵为乳白色，开花后不久转变成深红色然后凋谢，留下绿色小型的蒴果，称为棉铃。棉铃内有棉籽，棉籽上的茸毛从棉籽表皮长出，塞满棉铃内部。棉铃成熟时裂开，露出柔软的纤维。纤维白色至白中带黄，长 2 ~ 4 厘米，含纤维素 87% ~ 90%。棉花产量最高的国家有中国、美国、印度等。

食 10 亿 ~ 15 亿千克。利用航天诱变技术进行农作物育种，对加快我国育种步伐，提高育种质量，探索具有中国特色的新兴育种研究领域具有十分重要的意义。

航天育种所培育的品种是安全的。在自然环境中，植物种子实际上也在发生变异，只是这个变异过程极其缓慢，变异频率很低，我们称其为自然变异。早期的植物系统育种方法大都是对这种自然变异的选择和利用，实践证明是安全可行的。航天育种是人们有意识地利用空间环境条件加速生物体的这一变异过程，这种变异我们称其为人工变异。这两种变异在本质上是没有区别的。由于太空种子的变异基因还是地面原来种子本身基因变异的产物，事实上它并没有导入其他对人类有害的新基因。此外，即使太空飞行归来的当代种子（非直接食用），经严格的专业检测也没有发现它增加任何放射性。因此，食用太空种子生产的粮食、蔬菜等不会存在不良反应。

将种子送往太空使其在太空中的独特环境下进行变异的育种方法详细介绍如下：

阶段一：种子筛选。种子筛选是航天育种的第一步，这一程序非常严格，需要专业技术。带上太空的种子必须是遗传性稳定、综合性状好的种子，这样才能保证太空育种的意义。

基本小知识

卫 星

卫星是指在围绕一颗行星轨道并按闭合轨道做周期性运行的天然天体，人造卫星一般也可称为卫星。人造卫星是由人类建造，用太空飞行载具如火箭、航天飞机等发射到太空中，像天然卫星一样环绕地球或其他行星的装置。

阶段二：太空诱变。利用卫星和飞船等太空飞行器将植物种子带上太空，再利用其特有的太空环境条件，如宇宙射线、微重力、高真空等因素对植物的诱变作用产生各种基因变异，再返回地面选育出植物的新种质、新材料、新品种。诱变表现得十分随机，在一定程度上是不可预见的。航天育种不是每颗种子都会发生基因诱变，其诱变率一般为百分之几甚至千分之几，而有益的基因变异仅是千分之三左右，即便是同一种作物，不同的品种，搭载同一颗卫星或不同卫星，其结果也可能有所不同。航天育种是一个育种研究的过程，种子搭载只是走完万里长征一小步，不是一上去就"变大"，整个研究最繁重和最重要的工作是在后续的地面上完成的。

航天育种——神奇的太空南瓜

　　阶段三：地面攻坚。由于这些种子的变化是分子层面的，想分清哪些是我们需要的，必须先将它们统统播种下去，一般从第二代开始筛选突变单株，然后将选出的种子再播种、筛选，让它们自交繁殖，如此繁育三四代后，才有可能获得遗传性状稳定的优良突变系，期间还要进行品系鉴定、区域化试验等。这样，每次太空遨游过的种子都要经过连续几年的筛选鉴定，其中的优良品系再经过考验和农作物品种审定委员会的审定才能称其为真正的"太空种子"。

❤ 破译遗传的密码——DNA

◎ DNA 简介

　　DNA，又称脱氧核糖核酸，是染色体的主要化学成分，有时也被称为"遗传微粒"。DNA 是一种分子，可组成遗传指令，以引导生物发育与生命机

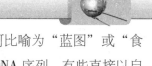

能的运作。DNA 的主要功能是长期性的信息储存，可比喻为"蓝图"或"食谱"。带有遗传信息的 DNA 片段称为基因，其他的 DNA 序列，有些直接以自身构造发挥作用，有些则参与调控遗传信息的表现。

◎ DNA 的发展历程

孟德尔的发现与遗传基因

1865 年，孟德尔根据前人的工作和他自己所进行的豌豆杂交实验，发现了自然界中遗传与变异的奥秘，提出了遗传因子分离和重组的假设，为遗传学作为一门独立学科的出现揭开了序幕。

孟德尔

孟德尔被科学界发现后，遗传学迅速成为生物学家们的研究热点。科学界认为"遗传因子"概念使用不方便，"基因"这一名称更能反映出事物的本质，意思是最基本的因子。1909 年，丹麦植物学家和遗传学家约翰森首次提出术语"基因"。

1874 年，瑞士化学家米歇尔发现核酸，揭示了基因的本质，首次分离出 DNA，现在，人们称米歇尔发现的物质为脱氧核糖核酸（DNA），它作为染色体的一个组成部分而存在于细胞核内，是生物的遗传物质，携带着遗传信息。

弗莱明观察到细胞有丝分裂

弗莱明是世界上首位观察并系统描述正常的细胞分裂（有丝分裂）中细胞核内染色体行为的科学家，被誉为细胞遗传学的奠基人。19 世纪 70 年代，细胞学家掌握了给细胞染色的技术，弗莱明就是这方面的先导者，他把不同阶段杀死的细胞用染料着色来制成一系列的切片，再用显微镜观察，就能清楚地看到细胞分裂时核内连续发生的变化。他证明了丝状物（后称染色体）有丝分裂为生长、更新提供新的细胞，因此对生命有着重要意义。

弗莱明

"化学遗传性之父"——加罗德

英国医生加罗德观察到遗传性疾病，发现酶对基因有影响，然而，加罗德关于遗传物质控制体内特殊蛋白质的直接作用的研究直到 20 世纪 50 年代才被人们理解。鉴于他对科学的贡献，人们将加罗德尊称为"化学遗传性之父"。

加罗德

广角镜

蛋白质

蛋白质是生命的物质基础，没有蛋白质就没有生命。因此，它是与生命及与各种形式的生命活动紧密联系在一起的物质。

摩尔根阐明关于基因的学说

1911 年，美国生物学家摩尔根发现生物遗传基因的确在生殖细胞的染色体上，而且发现基因在每条染色体内是直线排列的。染色体可以自由组合，而排在一条染色体上的基因是不能自由组合的。染色体好比是链条，基因好比构成链条的链环，链环总跟着链条跑，也就是说，基因总是随着染色体走

摩尔根

的。摩尔根把这种特点称为基因的连锁。由于同源染色体的分离与结合，而产生了基因的交换。连锁和交换定律，是摩尔根发现的遗传学第三定律，他因此创立了著名的基因学说，揭示了基因是组成染色体的遗传单位，它能控制遗传性状的发育，也是突变、重组、交换的基本单位。染色体好比传递基因的接力棒，它永不停息地从上一代传往下一代。

摩尔根是现代遗传学的奠基者，他通过著名的果蝇实验，证明并发展了孟德尔的遗传学理论。他认为染色体是遗传性状传递机制的物质基础，而基因是组成染色体的遗传单位，基因的突变会导致生物体遗传特性发生变化。

知识小链接

摩尔根

摩尔根（1866—1945）是美国的生物学家与遗传学家。摩尔根发现染色体的遗传机制，创立染色体遗传理论，是现代实验生物学的奠基人。

比德尔和塔特姆提出"一个基因一个酶"的假说

1941 年，美国生物学家比德尔和塔特姆证明酶有控制基因的作用，认为一个基因的功能相当于一个特定的蛋白质（酶），基因和酶的特性是同一序列的，每一基因突变都影响着酶的活性，于是在 1946 年提出了"一个基因一个酶"的假说，奠定了基因和酶之间控制关系的概念，开创了现代生物化学遗传学。

划时代的创举——DNA 双螺旋结构模型的建立

20 世纪 40 年代末，关于核酸的结构和功能的研究日益引起学术界的重视，有多种学科的科学家投入到对 DNA 结构和功能的探索之中，形成了生化学派、信息学派和结构学派等不同研究方向。

拓展阅读

核苷酸

核苷酸是一类由嘌呤碱（或嘧啶碱）、核糖（或脱氧核糖）及磷酸 3 种物质组成的化合物。戊糖与有机碱合成核苷，核苷与磷酸合成核苷酸，4 种核苷酸组成核酸。核苷酸主要参与构成核酸，许多单核苷酸也具有多种重要的生物学功能，如与能量代谢有关的三磷酸腺苷、脱氢辅酶等。

比德尔和塔特姆的"一个基因一个酶"的假说；20 世纪 50 年代初，英国科学家威尔金斯等用 X 射线衍射技术研究 DNA 结构，意识到 DNA 是一种螺旋结构；女物理学家富兰克林在 1951 年底拍到了一张十分清晰的 DNA 的 X 射线衍射照片。

沃森和克里克

1952 年，英国生物化学家克里克与美国青年生物学家沃森合作研究 DNA 结构，试图揭示和阐明遗传信息的结构基础。1953 年，他们宣布研究发现：DNA 是由两条核苷酸链组成的双螺旋结构。他们在实验室中搭建了一个 DNA 双螺旋模型，正确地反映出 DNA 的分子结构。从此，遗传学的历史和生物学的历史都从细胞阶段进入了分子阶段。DNA 双螺旋结构完美地说明了遗传物质的遗传、生化和结构的主要特征。

生命是一个不断复制和进化的过程，这个过程起始于 DNA 的复制，它已被科学家所掌握。DNA 在复制时，首先双螺旋逐渐解开，借助特殊的酶，以每条母链为模板，合成一条与它互补的子链。这就如同仿造楼梯一样，先把两扶手拆开作为模板，用原料按模板原样各造一条扶手，然后配成两条双扶手螺旋形楼梯。DNA 就是按照这种方式一份一份地复制，从而保证了父辈的密码像拷贝一样准确无误地传给子孙。至此，千百年来一直困扰人们的遗传之谜被解开了。

◎ DNA 的简易提取法

人体 DNA 的简易提取法

　　所需的材料：一茶匙盐，放进一杯水（自来水即可，绝对不能有杂质）里完全溶解；一个干净的小玻璃杯；一些洗涤液（去超市买正规的）；一根滴管（可在化学品试剂店买）；酒精度在 50°以上的冰镇烈性酒。

　　制取方法：在干净的小玻璃杯里放入一茶匙洗涤液并用三茶匙水稀释。用盐水在嘴里用力漱洗 30 秒钟左右，然后吐进稀释的洗涤液之中。用力搅拌混合物几分钟，然后非常小心地把两茶匙冰镇烈酒顺着玻璃杯的侧壁倒进去。这个步骤要求注意力非常集中，而且是非常关键的一步，必须要形成一个泾渭分明的水和酒之间的界限。等几分钟之后，参加实验者会看到在酒之中开始形成纺锤形、白色、线状的团块样物质。这就是参加实验者的 DNA。接下来如果有条件的话，可用 1280 倍的显微镜观察。

　　注意事项：在开始提取之前，一定要保证参加实验者的口腔是干净的。如果刚吃完东西，要等 4 个多小时后才能提取，以确保提取的精度。

动物 DNA 的简易提取法

　　所需的材料：鸡血细胞液 5～10 毫升（后面有鸡血细胞液的制作方法）；铁架台；铁环；镊子；三脚架；酒精灯；石棉网；载玻片（可在化学品试剂

店买）；玻璃棒；滤纸；滴管（化学品试剂店买）；量筒（100毫升一个）；烧杯（100毫升一个，50毫升和500毫升各2个）；试管（20毫升一个）；漏斗；试管夹若干；纱布若干；体积分数为95%的酒精溶液（就是浓度为95%的酒精，实验前置于冰箱内冷却24小时，建议冷藏室的温度调节在4℃~6℃最好）；蒸馏水（不少于500毫升）；质量浓度为0.001克/毫升的柠檬酸钠溶液；物质的量浓度为2摩尔/升和0.015摩尔/升的氯化钠溶液；二苯胺试剂（本试剂是成瓶的）。

制取方法：①制备鸡血细胞。取刚杀过的鸡的鸡血（要干净，不能有杂质）50毫升左右，加入柠檬酸钠防止凝血；除去上面的清液，因为DNA主要存在于细胞核中。②提取核物质。加蒸馏水（一般是鸡血细胞的2.5倍）并用玻璃棒搅拌不少于5分钟，使鸡血细胞破裂，释放出的DNA往往和蛋

拓展思考

蒸馏水

蒸馏水是指用蒸馏方法制备的纯水。蒸馏水可分一次和多次蒸馏水，广泛应用于医疗、科学研究和生产生活中。

白质结合在一起。③溶解核内DNA。DNA在高浓度的氯化钠溶液中溶解度很高，用2摩尔/升的氯化钠溶液可以加速核蛋白解聚，游离出DNA。④析出含DNA的黏稠物。加蒸馏水降低氯化钠溶液的浓度至0.14摩尔/升，此时DNA的溶解度下降，蛋白质的溶解度增高，从而使DNA和蛋白质分离，析出DNA。⑤滤出含DNA的黏稠物。用纱布过滤得到丝状DNA的黏稠物。⑥DNA黏稠物再溶解。加入2摩尔/升的氯化钠溶液后，充分搅拌，使DNA溶解。⑦过滤含DNA的氯化钠溶液。用新纱布过滤。⑧提取较纯净的DNA。加入冷却的浓度为95%的酒精，使DNA沉淀、浓缩形成含杂质较少的白色丝状物。⑨DNA的鉴定。DNA的鉴定可用二苯胺法，DNA遇到二苯胺变为蓝色；还可以用"甲基绿"法，"甲基绿"使DNA变为蓝绿色。

注意事项：①盛放鸡血细胞的容器，最好是塑料容器。鸡血细胞破碎后，DNA 容易被玻璃容器吸附。因此，实验中最好使用塑料的烧杯和试管，可以减少提取过程中 DNA 的损失。②实验中搅拌含有悬浮物的溶液时，玻璃棒不要直插烧杯底部，同时搅拌要轻慢。③用"甲基绿"法鉴别 DNA 时，可将"甲基绿"直接滴到玻璃棒的丝状物上，但要用水充分冲洗掉浮色后再观察。

植物 DNA 的简易提取法

所需的材料：新鲜菜花（或蒜黄、菠菜）；塑料烧杯一个；量筒一个；玻璃棒一个；尼龙纱布；陶瓷研钵一个（最好用陶瓷的）；试管若干；试管架一个；试管夹若干；漏斗；酒精灯一个；石棉网；三脚架；火柴一把（小火柴）；刀片一把（小刀即可）；天平；研磨液（可在化学品试剂店买）；浓度为 95% 的酒精溶液；二苯胺试剂一瓶；蒸馏水（不少于 500 毫升）；塑料离心机一台（也可用食品加工机代替）。

基本小知识

酒精灯

酒精灯是以酒精为燃料的加热工具，用于加热物体。酒精灯由灯体、灯芯管和灯帽组成。酒精灯的加热温度为 400℃～500℃，适用于温度不需太高的实验。

制取方法：①准备材料。将新鲜菜花和浓度为 95% 的酒精溶液放入冰箱冷冻室内，至少 24 个小时，建议 48 个小时，冷冻室的温度要调成 –18℃以下。②取材。称取 30 克菜花，去梗取花，切碎。③研磨。将碎菜花放入研钵内，倒入 10 毫升研磨液，充分研磨 10 分钟，建议 15 分钟。④过滤。在漏斗中垫上尼龙纱布，将菜花研磨液滤入烧杯中在 4℃的冷藏室中放置 5～6 分钟后，再取上面的清澈液体。⑤加冷酒精。将 1 倍体积的清澈液体倒入 2 倍体积浓度为 95% 的冷酒精中，并用玻璃棒轻轻地搅拌溶液（玻璃棒不要插入烧杯底部）。沉淀 3～5 分钟后，可见白色的 DNA 絮状物出现。用玻璃棒缓缓旋转，絮状物会缠在玻璃棒上。⑥配制二苯胺试剂。⑦鉴定。取 4 毫升 DNA 提取液放入试管中，加入 4 毫升二苯胺试剂，混匀后观察溶液颜色（不变蓝）。用沸水浴（100℃）加热 10 分钟。在加热过程中，随时注意试管中溶液颜色的变化（逐渐出现浅蓝色）。

注意事项：①一定的冷冻时间是绝对要掌握好的，因为植物的 DNA 提取不易。②研磨的时间也要掌握好，理由同前。③要想好一切步骤，一气呵成，就是要抓紧时间，理由同前。

◆ 输血不再辉煌——人造血的诞生

人造血是一种乳白色的氟碳化合溶液，以代替人血中输送氧气的血红蛋白。1933 年，人造血首批研究取得成果。1966 年，克拉克和高兰发现碳化氟能像血液一样，吸收空气中的氧。这两位科学家把一些小鼠放入一桶液体中，并将小鼠完全浸没在液面下，按说小鼠应该在数分钟之内死亡，但它们却活了好几个小时，桶中的液体含有碳化氟和水，碳化氟分子同水中的氧气结合，并进入小鼠的血液内。在发明血液替代品的道路上，克拉克和高兰迈出了第一步。

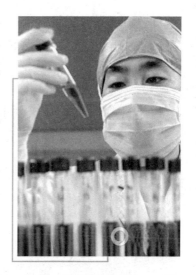

科学家用干细胞制造出人造血

人造血含有人造血红蛋白。血红蛋白是血液中能携带氧气的分子。当血红蛋白携带有大量的氧气时，血液呈鲜红色。

1967 年，另一位美国科学家亨利·斯洛维特给几只兔子注射了含有碳化氟和蛋清的混合物。他发现如果这种混合物不超过血液总量的 1/3，兔子就能够成活。同年，亨利·斯洛维特终于在补充蛋白质的情况下，使全氟化碳溶液乳化。但是这种乳化液仍然有使血液凝结的危险，并有可能堵塞某些毛细血管。

第一位接受人造血的是日本科学家内藤良知。1979 年，他给自己注射了 200 毫升人造血。如今，医生已经用了多种不同配方的人造血供急救时应用。

1980 年 6 月 19 日和 6 月 30 日，上海第一医学院附属中山医院分别给两位病人输人造血，患者无任何不良反应，均已康复。这种人造血是由中国科学院上海有机化学研究所和第三军医大学经过 5 年努力研制成功的。它呈乳白色，无血型之分，任何人均可使用，从而避免了输血的交叉感染。而且人造血化学性质稳定，可在工厂大量生产，保存期也比血液长。人造血具有血液的主要功能，它与只能维持血压的普通替代血浆不同。其载氧能力约为血液的 2 倍，患者在大量失血的情况下输入这种人造血能维持机体组织的生存，同时还可治疗许多疾病，因此，氟碳人造血临床应用的成功，引起了国际医学界的普遍重视。但日本和中国目前制造的氟碳人造血尚未具备普通血液那样输送养分的功能，有待于进一步研究和完善。

延长寿命的法宝——器官移植术

1989 年 12 月 3 日，美国匹兹堡大学的一位器官移植专家，经过约 21 个小时的努力，成功地为一位名叫马丁的妇女进行了世界首例心脏、肝脏和肾脏多器官移植手术。马丁手术后情况正常。

知 识 小 链 接

匹兹堡大学

匹兹堡大学成立于 1787 年，总共占地 13200 平方米，主校区位于匹兹堡，四个分校分布于宾夕法尼亚州的班德福、葛林斯堡、文森郡与特立兹法叶地区。匹兹堡大学在美国学界的声望颇高，是全美最好的公立大学之一。

◎ 器官移植简介

器官移植术是指将健康的器官移植到通常是另一个人体内使之迅速恢复功能的手术，目的是代替因致命性疾病而丧失功能的器官，使被移植者能重新拥有相应器官，并正常工作。

广义的器官移植包括细胞移植和组织移植。若献出器官的供者和接受器官的受者是同一个人，则这种移植称自体移植；供者与受者虽非同一人，但供受者（即同卵双生子）有着完全相同的遗传素质，这种移植叫作同质移植。人与人之间的移植称为同种（异体）移植；不同种的动物间的移植（如将黑猩猩的心或狒狒的肝移植给人），属于异种移植。

◎ 器官移植种类

要移植的器官若为成对的器官（如肾），可取自尸体，也可取自自愿献出器官的父母或同胞；而整体移植的单一器官（如心、肝），只能取自尸体；现在还不能用动物器官做移植，因为术后发生的排斥反应极为猛烈，目前的药物不能控制，移植的器官无法长期存活。移植于原来解剖部位，叫作原位移植，如原位肝移植，必须先切除原来有病的器官；而移植于其他位置则称为异位移植或辅助移植，原来的器官可以切除也可以保留。若移植的器官丧失功能，还可以切除，并施行再次、三次甚至多次移植。一次移植两个器官的手术叫作联合移植，如心肺联合移植；同时移植 3 个以上器官的手术叫多器官移植；移植多个腹部脏器（如肝、胃、胰、十二指肠、上段空肠）时，这些器官仅有一个总的血管蒂，移植时只须吻合动、静脉主干，这种手术又名"一串性器官群移植"。

◎ 可以接受器官移植的脏器

心脏：由各种病因导致的心脏衰竭的病人，心脏移植是唯一的治疗方法。

肺脏：终末期良性肺部疾病的患者，经过传统内科治疗无法治愈，但估计尚有 1~3 年存活希望，可考虑进行肺移植手术来改善身体状况。

　　肝脏：处于良性肝病末期，无法用传统内科手术治疗的患者，肝脏移植是唯一的方法。

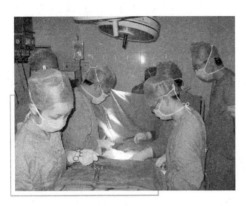

医生正在进行器官移植手术

　　肾脏：当一些疾病对肾脏产生损害，肾脏不能发挥正常的生理功能时，就会逐渐发展为肾功能不全，氮质血症，其终末期就是尿毒症。挽救尿毒症患者生命的方法包括透析和肾脏移植。

　　胰脏：胰脏移植多数是与肾脏移植同时进行的，主要用于治疗晚期糖尿病、I 型糖尿病和胰切除后糖尿病。

　　除了上述器官，患有脾脏、小肠等疾病的患者也可以通过接受移植手术获得治愈。

◎ 移植医学的贡献

　　半个多世纪以来，移植学作为一门独立的学科历经坎坷，达到了今天的临床应用阶段，使得成千上万的终末期患者重获新生。移植医学不愧是人类的医学奇迹之一，并且不断向其他医学领域扩展和挑战。半个多世纪的移植医学对人类的贡献如下：

　　1. 发现人类及各种常用实验动物的主要组织相容性抗原系统，并明确主要组织相容性复合物（MHC）为移植治疗的基本障碍。

　　2. 各类器官移植外科技术的发展和完善以及各种显微外科移植动物模型的建立和应用。

　　3. 免疫抑制剂的开发和临床应用，使器官移植得以成为稳定的常规治疗手段。

4. 从细胞水平到亚细胞水平，直到 DNA 水平的不断深入的基础研究，为揭示排斥机理、寻求用药对策打下了基础，使临床诊断及治疗水平达到了新的高度。

5. 对新型疾病的认识和挑战，如移植物抗宿主病、微嵌合体与自身免疫性疾病的关系等。

6. 基因治疗在移植学中的应用有可能预示用克隆技术开发无抗原性生物器官替代物的兴起。曾有人提出移植学的最终出路在于免疫耐受和异种移植，而现在则有倾向认为生物工程器官更有可能一箭双雕。

7. 应用聚合物纤维作为基底质，使多种细胞得以生长，从而构成具有复性结构的组织。该技术拟用于耳或鼻的再造。英国剑桥大学现已初步掌握控制青蛙发育的基因技术，并能重复无头蛙、无肢体蛙或无尾蝌蚪的生长实验。无疑，该技术与克隆羊技术一样，一方面会给移植学带来新的希望，另一方面也会激发医学伦理学争辩的波澜。

◎ 我国的肝脏移植发展史

回顾 20 世纪的医学发展史，器官移植无疑是人类攻克疾病的征程中一座屹立的丰碑。在这其中，肝脏移植又是难度最大的项目，这不仅要有高水平的外科队伍，同时要有相关学科的丰富知识，才能为晚期肝病患者提供再生的机会。下面简单介绍一下我国的肝脏移植发展史。

1977 年 10 月，开展了国内第一例人体原位肝脏移植。

2001 年 7 月，国内第一个施行劈离式肝脏移植。

2004 年 11 月，上海第一个开展小肠和肝脏的联合移植。

2004 年 12 月，国内第一例 7 个脏器的联合移植。

2005 年 7 月，国内第一例运用肝脏移植成功救治一名妊娠合并急性脂肪肝患者。

2005 年 9 月，上海第一个将胰十二指肠切除术与肝脏移植结合。

航空航天技术领域

　　航空航天技术是 20 世纪人类在认识自然和改造自然的过程中发展最迅速、对人类社会生活最有影响的科学技术领域之一，也是一个国家科学技术先进性的重要标志之一。

　　本章重点向您介绍人类在航空航天技术领域所取得的发展，让您在感叹高新技术的同时也能够了解更多的航空航天知识。

无人驾驶的飞机

无人驾驶飞机，简称无人机，是利用无线电遥控设备和自备的程序控制装置操纵的不载人飞机。无人机上没有驾驶舱，但安装有自动驾驶仪、程序控制装置等设备。地面、舰艇上（或母机遥控站）人员通过雷达等设备，对其进行跟踪、定位、遥控、遥测和数字传输。无人机可在无线电遥控下像普通飞机一样起飞或用助推火箭发射升空，也可由母机带到空中投放飞行。回收时，无人机可用与普通飞机着陆过程一样的方式自动着陆，也可通过降落伞或拦网回收，可反覆使用多次。无人机广泛用于空中侦察、监视、通信、反潜、电子干扰等。

无人机

自动化在飞机驾驶中的应用是在人飞上蓝天后，又一个重大的科技进步。无人机是一种以无线电遥控或由自身程序控制为主的不载人飞机。由于它是高科技的集中载体，所以主要应用于现代战争。它的研制成功和战场运用，揭开了以远距离攻击型智能化武器、信息化武器为主导的"非接触性战争"的新篇章。

与载人飞机相比，它具有休积小、造价低、使用方便、对作战环境要求低、战场生存能力较强等优点，备受世界各国军队的青睐。无人机以其准确、高效和灵活的侦察、干扰、欺骗、搜索、校射及在非正规条件下作战等多种作战能力，发挥着显著的作用，并引发了层出不穷的军事学术、装备技术等相关问题的研究。它将与孕育中的武库舰、无人驾驶坦克、机器人士兵、计算机病毒武器、天基武器、激光武器等一道，成为 21 世纪陆战、海战、空战、天战舞台上的重要角色，对未来的军事斗争造成较为深远的影响。一些专家预言："未来的空战，将是具有隐身特性的无人驾驶飞行器与防空武器之间的作战。"

但是，由于无人机还是军事研究领域的新生事物，实战经验少，各项技术不够完善，使其在作战中并未完全发挥出应有的巨大战场影响力和战斗力。

无人机和战斗机的结合，构成了一种全新的武器系统——无人驾驶战斗机。近年来，随着中远程巡航导弹和弹道导弹的发展日新月异，地空导弹、空空导弹的制导技术日臻成熟，可重复使用的无人机的控制水平也日益提高，有人将反辐射导弹的技术移植到无人机上，研制出了反辐射无人机，成为一种对地面雷达极

拓展阅读

激光武器

激光武器是一种利用沿一定方向发射的激光束攻击目标的定向能武器，具有快速、灵活、精确和抗电磁干扰等优异性能，在光电对抗、防空和战略防御中可发挥独特作用。它分为战术激光武器和战略激光武器两种。它将是一种常规威慑力量。由于激光武器的速度是光速，因此在使用时一般不需要提前量，但因激光易受天气的影响，所以时至今日激光武器也没有得到普及。

具威胁的新式武器。这种航空武器的出现，可以说是向无人驾驶战斗机的发展目标又迈进了一步，但它还不是真正意义上的无人驾驶战斗机。它采取"自杀"的方式，与敌方雷达同归于尽，充其量仅仅是巡航导弹的翻版。而真正的无人驾驶战斗机应是"可以重复使用的巡航导弹"。

美国国防部高级研究项目局在 1999 年 1 月进行了一系列翼展 60 厘米、重 200 克的小型无人机试验，并获得了成功。目前，该局在其空中飞行器计划中又推出了 12 种大小只有 152 毫米的袖珍型无人机的研究方案，其中 4 种的研制工作已正式启动。这 4 种袖珍型无人机有两种固定翼型、一种直升机型、

袖珍型无人机

一种折叠翼（活动翼）型。由维伦蒙特公司研制的固定翼型样机，其翼展为 15 厘米，时速 48 千米，装备有 5 克重微型 GPS 装置，试飞22 分钟获得成功；另一种固定翼型样机的翼展也是 15 厘米，装有军用摄像机，航程 5～10 千米，由洛克希德·桑德斯公司研制；直升机型样机重 300 克，携带红外成像设备，有三轴稳定器，采用 GPS 导航，持续飞行时间可达 2 小时；折叠翼型袖珍无人机正由美国加州理工学院进行研制，其主要战斗诸元仍处于尖端武器的机密领域。另外，据军事科学家们透露，一种仅有 1 美元纸钞大小的遥控战斗机已经研制出来。这种无人机上装有超敏锐感应器，可"闻"出柴油发动机排出的废气，一旦被它盯上，就会紧追不放，且可以拍摄夜间红外照片，将敌动态和坐标传到 200 千米外的基地，引导导弹精确命中目标。它执行任务时不用担心敌方雷达系统，适合全天候昼夜作战。

为了提高作战效益和执行各种任务的需要，一种有人和无人两用型战斗机，也将随着无人机技术的日益成熟而在未来的空战中出场。它具有两个可以相互独立工作的飞机操作平台，既可以和普通飞机一样由飞行员操纵飞行，也可以由基地指挥中心直接遥控飞行或预置飞行程序自身控制飞行。两用型战斗机的优点是在执行某项任务中，当飞行员伤亡或出于其他原因对飞机操作失去控制或是需要暂时脱离飞行操作工作以完成其他任务时，飞机的遥控指挥系统只要未被破坏，仍可以顺利完成任务，安全返回。

可见，在未来战争中，种类众多、功能各异的无人机，必将成为广袤空域中的百变幽灵而无处不在。随着航空工艺、材料和技术的不断进步，无人机在未来的 20 年间将会真正崛起，成为自动化技术舞台上一颗耀眼的"明星"。

◑▶ 奇异的水上飞机

　　当人们漫步海滨，也许可以看到这样的情景，一艘带着"翅膀"的船快速划破海面，腾空而起，并且直上蓝天。时隔不久，它又向海面飞来，并且在船体（机体）的两侧溅起许多白色的浪花，相当平稳地降落在海面上。这就是奇异的水上飞机。

　　水上飞机可以适应水上、空中两种不同环境的原因，和它特殊的设计分不开。假如说它是船，但它也像飞机一样有机身、机翼、尾翼、螺旋桨以及起落架；假如说它是飞机，但它的机身又是斧刃形的庞大船体。这一独特的特点，使它成为真正的"全能选手"。

水上飞机

　　当水上飞机停泊在水上时，宽大船体所产生的浮力，就会使飞机浮在水面上并且不会下沉。但在起飞时，螺旋桨发动机产生的拉力，就会拖着它以相当快的速度在水面上滑跑。伴随着速度的不断增加，机翼上产生的升力慢慢克服了飞机的重力，从而把飞机从水面上逐渐托起来，成为在空中飞行的船。而在它完成空中任务之后，自然也要重返到水面，从而成为一只可以在水上滑跑的船。因此，国外许多人根据水上飞机这一特点，又把它叫作水上飞船或飞机巡洋舰。

➡◎ 水上飞机简介

　　水上飞机是能在水面上起飞、降落和停泊的飞机。水上飞机分为船身式

中国"蛟龙－600"大型水上飞机

和浮筒式两种。水上飞机主要用于海上巡逻、反潜、救援和体育运动。第一架从水上起飞的飞机，是由法国著名的早期飞行家和飞机设计师瓦赞兄弟制造的。这是一架箱形风筝式滑翔机，机身下装有浮筒。1905 年 6 月 6 日，这架飞机由汽艇在塞纳河上拖引着飞入空中。

◎ 水上飞机的种类和作用

水上飞机分为船身式和浮筒式两种。船身式即按水面滑行要求设计的特殊形状的机身；浮筒式是把陆上飞机的起落架换成浮筒。

水上飞机在军事上主要用于侦察、反潜和救援活动；水上飞机在民用方面可用于运输、森林消防等。

◎ 水上飞机的主要优点和缺点

水上飞机可在水域辽阔的河、湖、江、海水面上使用，安全性好，地面辅助设施较经济，飞机吨位不受限制。

水上飞机受船体形状限制不适于高速飞行，机身结构重量大，抗浪性要求高，维修不便和制造成本高。

◎ 水上飞机的建造历史

第一架从水上起飞的飞机，是由法国著名的早期飞行家和飞机设计师瓦赞兄弟制造的。这是一架箱形风筝式滑翔机，机身下装有浮筒。1905 年 6 月 6 日，这架飞机由汽艇在塞纳河上拖引着飞入空中。

世界上第一架能够依靠自身的动力实现水上起飞和降落的真正的水上飞机是由法国人亨利·法布尔发明制造的。亨利·法布尔出身于船舶世家，在年轻时对工程学发生兴趣，并继承了家族对大海的特殊感情。飞机诞生后，他决心追随莱特兄弟和瓦赞兄弟，并设想制造能在海上起降的飞机。1907—1909 年，他在水上和陆上进行了大量的基础性研究工作，他的最重要工作是对浸入水中的翼面和浮筒所做的理论研究。

世界上第一架水上飞机——浮筒式水上飞机

基本小知识

莱特兄弟

莱特兄弟指的是奥维尔（1871—1948）和维尔伯（1867—1912）这两位美国人。人们一般认为他们于 1903 年 12 月 17 日首次完成完全受控制、附机载外部动力、机体比空气重、持续滞空不落地的飞行，并因此将发明了世界上第一架实用飞机的成就归功给他们。

1909 年，亨利·法布尔开始运用他的理论成果制造飞机。第一架样机装有 3 个浮筒和 3 台安扎尼发动机，但它从未能飞起来。同年下半年，亨利·法布尔制造了第二架样机，这架单翼机的结构非常有趣，多处反映出设计师作为船舶制造者的背景。飞机的整个构架是木制的，机翼下有两个浮筒，浮筒用胶合板制成。这架飞机的首次飞行是 1910 年 3 月 28 日在马赛附近的海面上。当时，28 岁的亨利·法布尔从未飞行过。第一次试飞时，飞机以 55 千米/小时的速度在水面上滑行，却未能飞起来。第二次试飞中，飞机终于飞离了水面，直线飞行约 500 米。随后亨利·法布尔又驾机试飞了两次，并做了小坡度转弯飞行。第二天，这架飞机的飞行距离达到 6 千米。世界上第一架真正的水上飞机诞生了。

1911 年，在亨利·法布尔的另一架水上飞机因驾驶员的错误而坠毁后，他因花费太大而停止了研制自己的水上飞机，转而为他人的飞机设计和制造浮筒。这一年，他为一架瓦赞式双翼机设计了浮筒，使之成为世界上第一架水陆两用飞机。

也就在这一年的 2 月，美国的著名飞机设计师柯蒂斯驾驶着他的装有船身形大浮筒的双翼机在水面上起飞和降落成功，成为世界上第一架船身式水上飞机。柯蒂斯为船身式和浮筒式水上飞机的发展做出了重要贡献。柯蒂斯的水上飞机诞生后不久，就从密歇根湖上救起一名迫降的飞行员，预示了水上飞机的广阔应用前景。

早期，水上飞机和陆上飞机是同时发展的。20 世纪 30 年代，水上飞机发展十分迅速，远程和洲际飞行几乎为水上飞机所垄断，还开辟了横越大西洋和太平洋的定期客运航班。例如，德国道尼尔公司 20 世纪 20 年代末研制的 DoX 是当时世界上最大的水上飞机，机翼上方分 6 组背靠背地装 12 台活塞式发动机，最大速度达到 224 千米/小时，1929 年 10 月曾创造一项载 169 名乘客飞行的世界纪录，一直保持了 20 多年。美国联合公司 20 世纪 30 年代研制的 PBY－5 两栖飞机在二次大战中生产量达 4000 架，战后改作森林消防飞机。战后水上飞机发展速度放慢，主要代表机种有前苏联的别－10 和日本的 PS－1 水上飞机。中国在轰－5 的基础上研制了水轰－5，能执行反潜任务。

◎中国试制成功的第一架水上飞机

1918 年春，北洋政府海军部在马尾福州船政局内设立飞机工程处，开始制造水上飞机。飞机工程处以留学英、美归国的学生为技术骨干，并在福州船政局工人中挑选数十人加以训练，并掌握制造飞机的工艺。海军飞潜学校飞机制造班的学生均随厂实习。

1919 年 8 月 9 日，中国试制成功第一架水上飞机——"甲型一号"。这是一架拖进式双桨双翼水上教练机，高 3.88 米，身长 9.32 米，翼展 13.70 米，最大时速 126 千米，空机重量 836 千克，载重 1063 千克，装油量 114 升，飞行高度 3690 米，可航行 3 小时，航距 340 千米，乘员 2 人，可载炸弹 4 颗。该飞机的性能、质量并不比巴玉藻等人以前在美国设计制造的飞机差。

🔋 战场上的空中 "大力士"

目前，直升机按我国国家军用标准通常分为：小型、轻型、中型、大型和重型 5 种类型。小型直升机最大起飞重量在 2 吨以下，轻型直升机最大起飞重量在 2~4 吨，中型直升机最大起飞重量在 4~10 吨，大型直升机最大起飞重量在 10~20 吨，重型直升机最大起飞重量大于 20 吨。

重型直升机主要用来运输，也被称为重型运输直升机。比较典型的重型运输直升机是俄罗斯的米－26，它是重型运输直升机中的"大哥大"。

米－26 是个庞然大物，其机长40.03 米、机高 8.15 米、尾桨直径7.61 米，由 8 片桨叶组成。在世界单旋翼设计的直升机中，它的旋翼桨叶是最多的。我们知道，直升机的升力

米－26 重型运输直升机

是由高速旋转的桨叶产生的，这正是它能够运输大量物资的关键装置之一。

知识小链接

发动机

发动机，又称为引擎，是一种能够把其他形式的能转化为机械能的机器（把电能转化为机械能的称为电动机），有时它既适用于动力发生装置，也可指包括动力发生装置的整个机器，比如汽油发动机、航空发动机。发动机最早诞生在英国，所以发动机的概念也源于英语，它的本义是指那种"产生动力的机械装置"。

米－26 货舱位于机身的中后部，可装载总重量 20 吨以上的坦克、步兵战车、自行榴弹炮、装甲侦察车等辎重，可容纳 80 名全副武装的士兵，安放 60 副担架和 3 名医护人员，相当于著名的 C－130 "大力神" 运输机的载重能力，是名副其实的空中 "大力士"。

米－26 动力异常强劲，它装有 2 台涡轴发动机，每台涡轴发动机的功率为 8500 千瓦，相当于一艘万吨轮船的主机功率，可见其动力之强劲。

米－26 吊运挖掘机在大山中飞行

米－26 由于发动机功率大、起飞重量大，先后创造了多项飞行世界纪录。1982 年 2 月 3 日，在前苏联波得莫斯科夫纳机场，米－26 由驾驶员鲁巴夫、特洛夫、阿尔非洛夫和卡拉别加分别驾驶，载重 10 吨飞至 6500 米高度，载重 15 吨飞至 5600 米高，载重 20 吨飞至 4600 多米高，载重 25 吨飞至 4100 多米高，均创造了直升机载重爬升高度的世界纪录。特别是驾驶员阿尔非洛夫驾驶米－26 爬升到 2000 米高空时，载重量竟达 50 多吨，远远超过了该机设计的最大起飞重量。

世界各国重型直升机家族成员

重型直升机的家族并不大，世界各国共生产过 2000 多架，其中 CH－47 "支奴干" 直升机生产最多，数量超过 1000 架。截至目前，米－26 重型直升机，也只不过生产约 300 架。

当今，研制生产重型运输直升机的国家主要是美、俄两国，其机型主要有：CH－47 "支奴干"、CH－53 "海种马"、V－22 "鱼鹰"、米－6 "吊钩"、米－10 "哈克" 等。

重型直升机在局部战争和在非军事领域中的作用

重型直升机具有良好的飞行性能和巨大的运输能力，在军事上应用十分广泛。现代战场上，它不仅用于运输武器弹药，运载各型坦克和装甲车，运送中程导弹，空运防化部队实施消毒，紧急战略空降和机降等；也可用作战地医院，对伤员进行紧急救护；还可施放电子干扰，用于电子对抗等。

重型直升机在非军事领域一样起着举足轻重的作用，可完成

你知道吗

坦克

坦克是现代陆上作战的主要武器，有"陆战之王"的美称。它是一种具有强大的直射火力、高度越野机动性和很强的装甲防护力的履带式装甲战斗车辆，主要执行与对方坦克或其他装甲车辆进行作战的任务，也可以压制、消灭反坦克武器，摧毁工事，歼灭敌方有生力量。坦克由通信系统、装甲车体等部分组成。

大型物件的吊装、森林防火、输油管道的架设与吊运、输电线路的安装、医疗急救、人道救援、疏散难民等任务。在历次重大自然灾害面前，重型直升机均表现出色。

➤ 太空杀手——反卫星武器

反卫星武器是用于击毁离地面几百千米以上的轨道卫星或使其丧失正常功能的空间防御武器，按其拦截卫星的方式分为共轨式和非共轨式两种。

◎反卫星武器概述

反卫星武器不是什么新鲜东西。美国早在 1959 年就对一种反卫星武器系统进行过演示，前苏联也在 1968 年试验了其第一种反卫星武器。

地基反卫星武器是从陆地、水面（水下）和近地空中发射的拦截器（拦截卫星或导弹）。天基反卫星武器是从卫星或其他航天器上发射的空间杀伤拦截器。

拦截卫星接近攻击目标卫星的方式有三种：一是送入长椭圆轨道后，以极高速度接近并到达目标附近区域。二是送入与目标卫星相同的轨道，以较快速度冲撞攻击目标。三是由低轨道升至更容易捕捉目标的长椭圆轨道，以直接上升方式接近破坏目标。它秘密埋伏在目标卫星的同一运行轨道上，可机动变轨飞行，作战时，通过其本身的光电遥控设备控制反卫星拦截器，快速接近目标，并实时引爆爆炸装置击毁卫星；或实时释放金属颗粒和碎片，其破坏效应能使卫星上的光电器件工作失常，导致卫星星体脱离运行轨道而坠毁。

美国研制的反卫星武器

反卫星武器有赖于和空间目标监视和战略 C^3I 系统协同作战，形成一个完整的反卫星作战体系。由远程预警雷达、精密测量雷达和光学观测设备组成的空间目标监视系统，用于探测跟踪卫星，分析处理和确定卫星的轨道以及质量、形状、功能和其他光学特征信息。美国根据国家战略导弹预警防御系统和国家航天飞行计划，建立了空间目标监视和战略 C^3I 系统。实际上，任何实战用反卫星系统的部署都要有整个国家战略防御体系建设的基础，这也是世界上迄今只有美国和俄罗斯能够发展反卫星系统的重要原因之一。反卫星武器主要是反卫星拦截器。

◎ 美国反卫星拦截器发展情况

20 世纪 50 年代，美国开始研制核导弹。它利用核导弹飞至大气层外，借助核导弹在高空爆炸产生的毁伤效应，击毁在外层空间运行的卫星。1959 年，美国首次进行高空核爆炸，利用核辐射、热辐射和电磁脉冲辐射等核爆炸效应能量，从事反卫星武器的试验。美国空军在 1959 年、海军在 1962 年，分别从 B－47 轰炸机和 F－4 战斗机上进行过反卫星发射试验。1964 年，美国部署雷神陆基反卫星核导弹。1965 年，美国空军还制订过"载人轨道试验"反卫星计划，释放武器的方式包括轨道对地面和轨道对轨道。由于核导弹攻击敌方卫星时，也会导致己方卫星在通过核辐射效应区时受到伤害，因此美国从 20 世纪 70 年代后期开始，重点转向研制动能和定向能非核反卫星武器。1959—1986 年，美国大约进行了 36 次反卫星武器拦截卫星以及与之有关的试验。

由于前苏联的军用卫星大部分在地球低轨道上，而且每年要发射近百颗，故反应迅速、成本不高且可大量部署的挂载于 F－15 上的机载反卫星导弹方案成为美国的最佳选择。

20 世纪 80 年代中期，针对前苏联反卫星武器的优势，美国国防部在 1986 年提出一项应急计划。该计划包括两个方面：一是发展一个卫星截击系统，即从航天飞机上发射多个小的自行推进的微型截击卫星，由其自身装载的红外导引头导向目标。这些导引头利用卫星金属周围空间的温度差来工作。二是增加卫星的抗干扰性和机动性，以避免被拦截，如利用星载干扰机和空基干扰机投放箔条、红外曳光弹和雷达吸收层等，保护美国卫星。同时还研制了雷达和红外告警信号接收机，安装在卫星上，在敌方卫星接近时发出早期告警信号，使它有时间进行机动以避开敌卫星。该系统具有逃过一次攻击的手段，并在万一失效时通知地面控制站，以便能够把备用的卫星立即发射送入轨道来代替失效的卫星。

20 世纪 80 年代末，美国空军制订的反卫星武器计划，除研制地基反卫星激光武器外，还要求继续进行 F－15 攻击空间真实卫星的试验。通过采用新发动机，将反卫星导弹的作战高度提高一倍，方案是分别用推力更大的潘兴 Ⅱ 弹道导弹的发动机和推力更大的助推器代替反卫星导弹的第一级。

1990年，美国国防部根据《国家空间政策》中"美国将研制和部署包括动能和定向能武器的一种广泛的反卫星的能力"的要求，批准一项新的反卫星武器发展计划，并在陆军战略防御司令部组建三军联合反卫星武器办公室。该计划包括研制地基动能反卫星武器和定向能反卫星武器，并要求三军联合研制，因为在反卫星作战中，三军可以协同作战。联合操纵空间监视探测系统，将有利于反卫星武器的研制与发展。该计划表明，美国的反卫星计划开始向多种武器并存、多个军种同时参与的方向发展。

除了反卫星动能拦截器外，美国的航天飞机、空间站、在研的国家导弹防御系统、机载动能武器系统和电磁轨道炮也具有反卫星的能力。美国为提高军用卫星的生存能力，在其第六代成像侦察卫星和第三代国防支援计划导弹预警卫星上，采取防核效应加固和防激光保护手段，增加了防碰撞探测器，同时增强了机动变轨能力。

➡ 太空的新居所——空间站

人类并不满足于在太空做短暂的旅游，为了开发太空，需要建立长期生活和工作的基地。于是，随着航天技术的进步，在太空建立新居所的条件成熟了。

➡ ◎ 空间站简介

空间站是一种在近地轨道长时间运行，可供多名航天员在其中生活和工作的载人航天器。小型的空间站可一次发射完成，较大型的可分批发射组件，并在太空中组装成为整体。在空间站中要有人能够生活的一切设施，不再返回地球。国际空间站结构复杂，规模大，由航天员居住舱、实验舱、服务舱、对接过渡舱、桁架、太阳电池等部分组成，试用期一般为 5～10 年。国际空间站总质量约 423 吨、长 108 米、宽（含翼展）88 米，运行轨道高度为 397 千米，载人舱内大气压与地球表面相同，可载 6 人，建成后总质量将达 438 吨，长 108 米。

国际空间站的组成

◎ 空间站的结构与组成

空间站的结构特点是体积比较大，在轨道飞行时间较长，有多种功能，能开展的太空科研项目也多而广。空间站的基本组成是以一个载人生活舱为主体，再加上有不同用途的舱段，如工作实验舱、科学仪器舱等。空间站外部必须装有太阳能电池板和对接舱口，以保证空间站内电能供应和实现与其他航天器的对接。

◎ 空间站的特点

空间站的特点之一是经济性。例如，空间站在太空接纳航天员进行实验，可以使载人飞船成为只运送航天员的工具，从而简化了其内部的结构和减轻其在太空飞行时所需要的物质。这样既能降低其工程设计难度，又可减少航天费用。另外，空间站在运行时可载人，也可不载人，只要航天员启动并调试后它可照常进行工作，定时检查，到时就能取得成果。这样能缩短航天员在太空的时间，减少许多费用，当空间站发生故障时可以在太空中维修、换件，延长航天器的寿命。增加使用期也能减少航天费用。因为空间站能长期（数个月或数年）飞行，故保证了太空科研工作的连续性和深入性，这对研究的逐步深化和提高科研质量有重要作用。

◎ 空间站的发射历史

到目前为止，全世界已发射了 9 个空间站，其中前苏联共发射 8 座，美国发射了1座。按时间顺序，前苏联是首先发射载人空间站的国家。其"礼炮"1号空间站在1971年4月发射，后在太空与"联盟"号飞船对接成功，有3名航天员进站内生活工作近24天，完成了大量的科学实验项目，但这3名航天员在乘"联盟"11号飞船返回地球过程中，由于座舱漏气减压，不幸全部遇难。"礼炮"2号发射到太空后由于自行解体而失败。前苏联发射的"礼炮"3、4、5号小型空间站均获成功，航天员进站内工作，完成多项科学实验。其"礼炮"6、7号空间站相对大些，也有人称它们为第二代空间站。它们各有两个对接口，可同时与两艘飞船对接，航天员在站内先后创造过210天和237天的长期生活纪录，还创造了首位女航天员出舱作业的纪录。前苏联于1986年2月20日发射入轨的"和平"号空间站，2000年底俄罗斯宇航局因"和平"号部件老化（设计寿命10年）且缺乏维修经费，决定将其坠毁。"和平"号最终于2001年3月23日坠入地球大气层。美国在1973年5月14日发射成功一座叫天空实验室的空间站，它在435千米高的近圆空间轨道上运行，航天员用58种科学仪器进行了270多项生物医学、空间物理、天文观测、资源勘探和工艺技术等试验，拍摄了大量的太阳活动照片和地球表面照片，研究了人在空间活动的各种现象。1979年7月12日，天空实验室在南印度洋上空坠入大气层烧毁。

基本小知识

空间物理

空间物理学主要研究地球空间、日地空间和行星际空间的物理现象，是地球物理学的自然延伸。它的研究对象包括太阳，行星际空间，地球和行星的大气层、电离层、磁层，以及它们之间的相互作用和因果关系。

我国在2011年9月发射了"天宫"1号目标飞行器，"天宫"1号的重量有8吨，类似于一个小型空间实验站。2011年11月，"天宫"1号实现与"神舟"8号飞船的对接任务。2012年6月，"天宫"1号与"神舟"9号对接成功。按照计划"神舟"10号飞船也将在接下来的时间里与"天宫"1号完成交会对接任务。并有望于2014年用"长征"5号火箭把中国空间站送上太空，中国最终将建设一个基本型空间站。

我国首个空间站大致包括一个核心舱、一架货运飞船、一架载人飞船和两个用于实验等功能的其他舱，总重量在100吨以下。其中的核心舱必须长期有人驻守，能与各种实验舱、载人飞船和货运飞船对接。具备20吨以上运载能力的火箭才有资格发射核心舱。为此，我国将在海南文昌新建第四个航天发射场，可发射大吨位空间站。

前苏联"礼炮"号空间站

1971年4月19日，前苏联发射了第一座空间站"礼炮"1号，从此载人太空飞行进入一个新的阶段。"礼炮"1号空间站由轨道舱、服务舱和对接舱组成，呈不规则的圆柱形，总长约12.5米，最大直径4米，总重约18.5吨。它在200多千米高的轨道上运行，站上装有各种试验设备。它与"联盟"号载人飞船对接组成居住舱，容积100立方米，可住6名宇航员。"礼炮"1号空间站在太空运行6个月，相继与"联盟"10号、"联盟"11号两艘飞船对接组成轨道联合体，每艘飞船各载3名宇航员，共在空间站上停留26天。"礼炮"1号完成使命后于同年10月11日在太平洋上空坠毁。

前苏联一共发射了7座"礼炮"号空间站，前5座只有一个对接口，即只能与一艘飞船对接飞行。因"礼炮"号空间站上携带的食品、氧气、燃料等有限，在太空中的寿命都不是很长。经过改进的"礼炮"6号和7号空间站，增加了一个对接口，除接待"联盟"号载人飞船外，还可与"进步"号货运飞船对接，用以补给宇航员生活所需的各种用品。1977年9月29日发射上天的"礼炮"6号空间站，在太空飞行近5年，共接待18艘"联盟"号和"联盟"T号载人飞船，有16批33名宇航员到站上工作，累计载人飞行176天。其中1980年宇航员波波夫和柳明创造了在空间站飞行185天的纪录。1982年4月19日，"礼炮"7号空间站进入轨道飞行，接待了"联盟"T号飞船的 11 批 28 名宇航员，其中包括第一位进行太空行走的女宇航员萨维茨卡娅。特别是 1984 年 3 名宇航员基齐姆、索洛维约夫和阿季科夫在空间站创造了 237 天的飞行纪录。"礼炮" 7 号空间站载人飞行累计达 800 多天，直到 1986 年 8 月才停止载人飞行。

前苏联 "和平" 号空间站

前苏联于 1986 年 2 月将 "和平" 号空间站发射入轨。"和平" 号是一阶梯形圆柱体，设计寿命 10 年。它由工作舱、过渡舱、非密封舱三个部分组成，共有 6 个对接口。"和平" 号作为一个基本舱，可与载人飞船、货运飞

"和平" 号空间站

船、4 个工艺专用舱组成一个大型轨道联合体，从而扩大了它的科学实验范围。4 个工艺专用舱都有生命保障系统和动力装置，可独立完成在太空机动飞行，其中一个是工艺生产实验舱，一个是天体物理实验舱，一个是生物学科研究舱，一个是医药试制舱。这几个实验舱可根据任务需要更换设备，成为另一种新的实验舱。自 "和平" 号空间站上天以来，至 1993 年底，已经接待了一艘 "联盟" T 号和 17 艘 "联盟"

TM 号载人飞船，并先后与 "进步" 号、"进步" M 号货运飞船和 "量子" 号、"晶体" 号专用工艺舱对接组成轨道联合体。宇航员们进行了天体物理、生物医学、材料工艺试验和地球资源勘测等科学考察活动。最大的轨道联合体总长达 350 米，总重 70 吨，俨然是一座太空列车，绕地球轨道不停地飞驰。1987 年 12 月 29 日，一名宇航员在返回地面时，已经在 "和平" 号上生活了 326 个昼夜。1988 年 12 月 21 日从 "和平" 号上归来的两名宇航员季托

夫和马纳罗夫，创造了在太空飞行整整一年的新纪录。

"和平"号由多个模块在轨道上组装而成：核心舱、"量子" 1 号天文物理舱、"量子" 2 号气闸舱、"晶体"号实验舱、"光谱"号遥感舱、"自然"号地球观测舱。美国为其提供了一个专门用于与航天飞机对接用的对接舱。美国航天飞机共拜访该空间站 11 次，"和平"号首个模块于 1986 年 2 月发射升空，其后至 1996 年的十年时间，其他多个模块相继升空。

2000 年底，俄罗斯宇航局因"和平"号部件老化（设计寿命 10 年）且缺乏维修经费，决定将其坠毁。"和平"号最终于 2001 年 3 月 23 日坠入地球大气层，碎片落入南太平海域中，"和平"号的研究任务今后由国际空间站所取代。

美国天空实验室

美国在 1973 年 5 月 14 日发射成功一座叫天空实验室的空间站，它在 435 千米高的近圆空间轨道上运行，先后接待 3 批 9 名宇航员到站上工作。这 9 名宇航员在该站上分别居住 28 天、59 天和 84 天。天空实验室全长 36 米，最大直径 6.7 米，总重 77.5 吨，由轨道舱、过渡舱和对接舱组成，可提供 360 立方米的工作场所。1973 年 5 月 25 日，7 月 28 日和 11 月 16 日，先后由"阿波罗"号飞船把宇航员送上天空实验室工作。天空

美国的天空实验室空间站

实验室在载人飞行期间，宇航员用 58 种科学仪器进行了 270 多项生物医学、空间物理、天文观测、资源勘探和工艺技术等试验，拍摄了大量的太阳活动照片和地球表面照片，研究了人在空间活动的各种现象。1974 年 2 月，第三批宇航员离开太空返回地面后，天空实验室便被封闭停用，直到 1979 年 7 月 12 日在南印度洋上空坠入大气层烧毁。它在太空共运行了 2249 天，航程达 14 亿多千米。

◎ 载人飞船与货运飞船

自前苏联的空间站上天以来，一直与"联盟"号系列载人飞船和"进步"号系列货运飞船一起，共同组成轨道联合体执行载人航天飞行任务。

"联盟"号系列载人飞船

"联盟"号系列载人飞船已更换三代，作为空间站的载人工具。从"联盟"10号开始，到1993年底共有30艘"联盟"号、14艘"联盟"T号、17艘"联盟"TM号飞船载人到空间站上开展太空科学考察活动。第一代"联盟"号，主要用于试验载人飞船与空间站的交会、对接和机动飞行，为载人到空间站活动打下了坚实基础；第二代

"联盟"号载人飞船发射升空

"联盟"T号，改进了座舱设施，提高了生命保障系统的可靠性和生活环境的舒适性；第三代"联盟"TM号，又改进了会合、对接、通信、紧急救援和降落伞系统，增加了有效载荷。经过改进的"联盟"TM号飞船总重7吨，长约7米，翼展10.6米，载3名宇航员和250千克货物。它的最大改进是对接系统，可以在任何姿态下与"和平"号空间站对接，无须空间站做机动飞行和调整姿态。

待发射的"进步"号

"进步"号系列货运飞船

"进步"号系列货运飞船执行向空间站定期补给食品、货物、燃料和仪器设备等任务。到1993年底，已发展两代，共发射"进步"号42艘、"进步"M号20艘。它

与空间站对接完成装卸任务后即自行进入大气层烧毁。这种飞船由仪器舱、燃料舱和货舱组成，货舱容积6.6立方米，可运送1.3吨货物，燃料舱带1吨燃料。它可自行飞行4天，与空间站对接飞行可达2个月。

◑▶ 天上的 "交通警察" ——卫星导航

卫星导航是利用卫星对地面、海洋、空中和空间用户进行导航定位的技术。在卫星导航系统中卫星的位置是已知的，用户利用其导航装置接收卫星发出的无线电导航信号。该信号经过处理以后，可以计算出用户相对于导航卫星的几何关系，最后确定出用户的绝对位置（有时还可以确定出运动速度）。

卫星导航综合了传统导航系统的优点，真正实现了各种天气条件下全球高精度被动式导航定位，特别是时间测距卫星导航系统不但能实现全球和近地空间连续立体覆盖、高精度三维定位和测速，而且抗干扰能力强。

卫星导航系统由导航卫星、地面台站和用户导航设备三大部分组成。由多颗卫星组成的导航卫星网构成一组流动的导航台。地面台站负责对卫星进行跟踪测量和控制管理，并根据跟踪测量数据计算出轨道，然后将随后一段时间的卫星星历预测数据注入到卫星上，以供卫星向用户发送。用户导航设备通常由接收机、定时器、数据预处理器、计算机和显示器等组成。

美国于1964年建成世界上第一个卫星导航系统子午仪，随后又开始研制更先进的全球定位系统（GPS），并于20世纪90年代中期正式组网运营。该系统由24颗卫星组成，可提供用户进行三维的位置和速度确定，定位精度军用为1厘米，民用为10米。

太空探测者——人造卫星

◎ 人造卫星的简介

卫星，是指在宇宙中所有围绕行星轨道进行运行的天体。环绕哪一颗行星运转，就把它叫作哪一颗行星的卫星。比如，月亮环绕着地球旋转，它就是地球的卫星。

人造卫星就是人类人工制造的卫星。科学家用火箭把它发射到预定的轨道，使它环绕着地球或其他行星运转，以便进行探测或科学研究。比如最常用于观测、通信等方面的人造地球卫星。

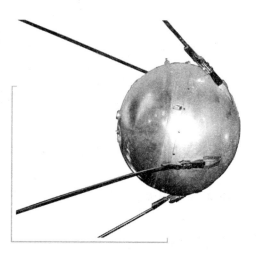

前苏联发射的第一颗人造卫星

知识小链接

牛 顿

牛顿，英国物理学家、数学家、科学家、思想家和哲学家，被公认为是人类历史上出现过的最伟大、最有影响力的科学家之一。他在1687年7月5日发表的不朽著作《自然哲学的数学原理》里用数学方法阐明了宇宙中最基本的法则——万有引力定律和三大运动定律。

地球对周围的物体有引力的作用，因而抛出的物体要落回地面。但是，抛出的初速度越大，物体就会飞得越远。牛顿在思考万有引力定律时就曾设想过，从高山上用不同的水平速度抛出物体，速度一次比一次大，落地点也就一次比一次离山脚远。如果没有空气阻力，当速度足够大时，物体就永远不会落到地面上来，它将围绕地球旋转，成为一颗绕地球运动的人造地球卫星，简称人造卫星。

人造卫星是发射数量最多，用途最广，发展最快的航天器。继前苏联发射了世界上第一颗人造卫星之后，美国、法国、日本也相继发射了人造卫星。中国于 1970 年 4 月 24 日发射了"东方红" 1 号人造卫星。

拓展阅读

遥感器

遥感器是用来远距离检测地面物体和环境所辐射或反射的电磁波的仪器。一切物体都在不断地发射和吸收电磁波。向外发射电磁波的现象通常称为热辐射。辐射强度与物体的温度和其他物理性质有关，并且是按波长分布的。一切物体都能反射外界来的、照射在它表面上的电磁波，反射强度与物体的性质有关。利用各种波段的不同的遥感器可以接收这种辐射或反射的电磁波，经过处理和分析，有可能反映出物体的某些特征，借以识别物体。

中国发射的"东方红" 1 号卫星

人造卫星一般由专用系统和保障系统组成。专用系统是指与卫星所执行的任务直接有关的系统，也称为有效载荷。应用卫星的专用系统按卫星的各种用途包括通信转发器、遥感器、导航设备等。科学卫星的专用系统则是各种空间物理探测、天文探测等仪器。技术试验卫星的专用系统则是各种新原理、新技术、新方案、新仪器设备和新材料的试验设备。保障系统是指保障卫星和专用系统在空间正常工作的系统，也称为服务系统。保障系统主要由结构系统、电源系统、热控制系统、姿态控制和轨道控制系统、无线电测控系统等组成。对于返回卫星，则还有返回着陆系统。

人造卫星绕地球飞行的速度快，低轨道和中高轨道卫星一天可绕地球飞行几圈到十几圈，不受领土、领空和地理条件限制，视野广阔。它能迅速与地面进行信息交换，包括地面信息的转发，也可获取地球的大量遥感信息，一张地球资源卫星图片所遥感的面积可达几万平方千米。

在卫星轨道高度达到35786千米，并在地球赤道上空与地球自转沿同一方向飞行时，卫星绕地球旋转周期与地球自转周期完全相同，相对位置保持不变。此卫星在地球上看来是静止地挂在高空，所以人们称它为地球静止轨道卫星，简称静止卫星，这种卫星可实现卫星与地面站之间的不间断的信息交换，并大大简化地面站的设备。目前绝大多数通过卫星的电视转播和通信是由静止通信卫星实现的。

◎人造卫星种类

人造卫星是个兴旺的家族，如果按用途分，它可分为三大类：科学卫星、技术试验卫星和应用卫星。

应用卫星　　　　　　　科学卫星　　　　　　技术试验卫星

科学卫星是用于科学探测和研究的卫星，主要包括空间物理探测卫星和天文卫星，用来研究高层大气、地球辐射带、地球磁层、宇宙射线、太阳辐射等，并可以观测其他星体。

技术试验卫星是进行新技术试验或为应用卫星进行试验的卫星。航天技术中有很多新原理、新材料、新仪器，其能否使用，必须在天上进行试验；一种新卫星的性能如何，也只有把它发射到天上去实际"锻炼"，试验成功后才能应用；人上天之前必须先进行动物试验……这些都是技术试验卫星的使命。

应用卫星是指直接为人类服务的卫星，它的种类最多、数量最大，其中包括：通信卫星、气象卫星、侦察卫星、导航卫星、测地卫星、地球资源卫星、截击卫星等。

拓展思考

宇宙射线

所谓宇宙射线，指的是来自于宇宙中的一种具有相当大能量的带电粒子流。1912 年，德国科学家韦克多·汉斯带着电离室在乘气球升空测定空气电离度的实验中，发现电离室内的电流随海拔升高而变大，从而认定电流是来自地球以外的一种穿透性极强的射线所产生的，于是有人为之取名为"宇宙射线"。

◎ 人造卫星的运行轨道

广角镜

中国气象卫星

中国 1988 年 9 月 7 日发射了第一颗气象卫星——"风云"1 号太阳同步轨道气象卫星。卫星云图的清晰度可与美国"诺阿"卫星云图媲美，但由于该气象卫星上的元器件发生故障，它只工作了 39 天。随后，中国又成功发射了 4 颗极轨气象卫星和 3 颗静止气象卫星，经历了从极轨卫星到静止卫星，从试验卫星到业务卫星的发展过程。

人造卫星的运行轨道（除近地轨道外）通常有三种：地球同步轨道、太阳同步轨道、极地轨道。

地球同步轨道是运行周期与地球自转周期相同的顺行轨道。但其中有一种十分特殊的轨道，叫作地球静止轨道。这种轨道的倾角为零，在地球赤道上空 35786 千米。地面上的人看来，在这条轨道上运行的卫星是静止不动的。一般通信卫星、气象卫星选用这种轨道比较有利。地球同步轨道有无数条，而地球静止轨道只有一条。

太阳同步轨道是轨道平面绕地球自转轴旋转的，方向与地球公转方向相同，旋转角速度等于地球公转的平均角速度的轨道，它距地球的高度不超过6000千米。在这条轨道上运行的卫星以相同的方向经过同一纬度的当地时间是相同的。气象卫星、地球资源卫星一般采用这种轨道。

极地轨道是倾角为90°的轨道，在这条轨道上运行的卫星每圈都要经过地球两极上空，可以俯视整个地球表面。侦察卫星常采用此轨道。

◎ 世界各国的首颗卫星

1957年10月4日，前苏联发射了第一颗人造地球卫星，它宣告人类已经进入空间时代。第一颗人造地球卫星呈球形，直径58厘米，重83.6千克。它沿着椭圆轨道飞行，每96分钟环绕地球一圈。前苏联第一颗人造地球卫星的发射成功，揭开了人类向太空进军的序幕，大大激发了世界各国研制和发射卫星的热情。

美国于1958年1月31日成功地发射了第一颗"探险者"1号人造卫星。该卫星重8.22千克，锥顶圆柱形，高203.2厘米，直径15.2厘米，沿近地点360.4千米、远地点2531千米的椭圆轨道绕地球运行，轨道倾角33°34′，运行周期114.8分钟。

法国于1965年11月26日成功地发射了第一颗"试验卫星"A–1号人造卫星。该人造卫星重约42千克，运行周期108.61分钟，沿近地点526.24千米，远地点1808.85千米的椭圆轨道运行。

日本于1970年2月11日成功地发射了第一颗人造卫星"大隅"号。该卫星重约9.4千克，近地点339千米，远地点5138千米，运行周期144.2分钟。

中国于1970年4月24日成功地发射了第一颗人造卫星"东方红"1号。该星直径约1米，重173千克，沿近地点439千米，远地点2384千米的椭圆轨道绕地球运行，运行周期 114 分钟。

英国于 1971 年 10 月 28 日成功地发射了第一颗人造卫星"普罗斯帕罗"号，发射地点位于澳大利亚的武默拉火箭发射场，运载火箭为英国的黑箭运载火箭，近地点 537 千米，远地点 1593 千米。该星重 66 千克，主要任务是试验各种新技术发明，例如试验一种新的遥测系统和太阳能电池组。它还携带微流星探测器，用以测量地球上层大气中这种宇宙尘高速粒子的密度。

除上述国家外，加拿大、部分欧盟国家和印度尼西亚等也在准备自行发射或已经委托别国发射了人造卫星。

◎ 人造卫星的用途

人造卫星的优点在于能同时处理大量的资料，并且能传送到世界任何角落，使用三颗卫星即能覆盖全球各地，依使用目的，人造卫星大致可分为下列几类：

科学卫星：送入太空轨道，进行大气物理、天文物理、地球物理等实验或测试的卫星，如"探险者"号等。

通信卫星：作为通信中继站的卫星，如："亚卫"1 号。

军事卫星：作为军事照相、侦察之用的卫星。

气象卫星：摄取云层图和有关气象资料的卫星。

资源卫星：作为地球资源探勘之用的卫星。

星际卫星：可航行至其他行星进行探测照相的卫星，一般称之为行星探测器，如"先锋"号、"火星"号、"探路者"号等。

▶ 卫星遥感在气象中的应用

气象卫星的估算应用比较广泛。气象卫星能够对农作物长势、病虫害及冻害进行监测，但这只是一方面。气象卫星还能够对灾害面积进行估计，对农作物收成作出估算，甚至对各种资源，如渔业资源，能进行遥感探测，显示出其独特的本领。

利用卫星进行估产不是最近的事，早在30多年前，美国为了研究国际市场的小麦价格，在麦收前两个月，利用卫星对前苏联小麦进行了测算，认为前苏联产量约为9140万吨，结果后来进行核对，误差不到1%。

气象卫星是怎么利用遥感信息资料进行估产的呢？原来，植物的绿叶是进行光合作用的基本器官。一般来说，植物绿叶面积越大，光合作用就越强，经济产量就可能越高，这是一种植物生理机制，这种生理机制反映的信息也就通过其反射光谱的不同波段反映出来。当农作物叶子遭受干旱、病虫害时，叶片的含水量会减少，叶绿素减少，光合作用也相应减弱，此时叶绿素吸收蓝光、红光能力降低。同时，农作物在不同的生长和发育阶段，由于叶片的叶绿素含量和内部结构不同，它们的反射光谱曲线也会不同。根据这种原理，气象卫星就可以捕捉到农作物的生长情况，进而推算未来的收成。

美国的第三代业务极轨气象卫星，在农作物估产方面成绩不小。该卫星在运行过程中，每天有四次扫过同一具体地点，在无云的地区，它们可以很快地反映植物叶绿素对光的吸收率和反射率，通过反射率值可以算出绿度值，通过绿度值就可以监测农作物的生长状况，进而估计农作物产量。

1985年我国就在天气系统开展了遥感综合测产项目，1990年正式投入业务运行。实践证明，该技术对农作物的估产具有迅速、宏观、准确的特点，可以弥补传统农业估产时间长、效率低的不足。

利用气象卫星遥感渔业资源的原理与小麦估产有所不同。气象卫星可以用红外遥感仪器测出海水表面温度，在绘出海水表层温度分布等值线图后，就可以根据鱼类生活规律与海水温度的关系来确定渔场位置，并绘成渔海况速报图。美国、日本已有渔海况速报系统，它可绘制卫星海况图和渔海况图，这可以作为渔民海洋捕捞的重要参考。

信息技术领域

　　随着信息化在全球的快速进展，人们对信息的需求快速增长，信息产品和信息服务对于各个国家、地区的企业、家庭和个人都不可缺少。信息技术已成为支撑当今经济活动和社会生活的基石。全世界信息设备制造业和服务业的增长率是相应的国民生产总值增长率的两倍，成为带动经济增长的关键产业。

　　本章重点地向您介绍信息技术领域的一些发展，让您在智能的世界里快乐地畅游！

汽车的好保安——智能停车场

随着汽车的日益普及，车辆的防盗以及有效的车辆管理已经受到社会的广泛关注。智能停车场正好可以帮助各车辆管理部门或物业管理部门给车主提供服务。

IC 卡智能停车场收费管理系统是现代化停车场车辆收费及设备自动化管理的统称，该系统是将机械、电子计算机和自控设备以及智能 IC 卡技术有机地结合起来，通过电脑管理可实现车辆图像对比、自动收费、自动存储数据等功能，并且该停车场管理系统可实现脱机运行，在电脑出现故障的情况下仍可保证车辆的正常进出，是现代化小区物业管理的理想设施。

◎ 智能停车场的特点

严格收费管理

对于目前的人工现金收费方式，一方面是劳动强度大、效率低，另一方面是会在财务上造成现金流失、乱收费、管理成本高等弊端。IC 卡智能停车场收费管理系统使停车场的收费都经电脑确认、记录和统计，杜绝了失误和作弊，保障了停车场投资者的利益。

树立全新的物业管理形象

现代化的高科技产品的使用，一定会使企业的物业管理形象和知名度得到很大的提高。采用这种自动控制管理系统，无论从产品的造型方面，还是自动控制所带来的方便实用性及管理的科学性，都将给物业管理树立起良好的形象，使企业成为科学管理的楷模。

安全管理

一卡一车，资料存档，保证停车场停放车辆的安全。

人工发卡、收卡，难免有疏漏的时候，因为没有详细、准确的记录可查，丢车或谎报丢车现象时有发生，给停车场带来诸多麻烦和经济损失。采用这种自动控制管理系统后，月租卡和储值卡消费者均在电脑中记录了相应的资料，卡丢失后可及时补办。在配有图像对比设备时，各类消费卡均有车牌号码存档，一卡专用，一旦车牌不对，电脑随时提示，并提出告警，不得离场。

防伪性高

因为 IC 卡保密性极高，它的加密功能一般电脑花上 10 年的时间也解不了，所以不容易仿造。

耐用可靠

本系统采用的 IC 卡，为无源的非接触式的 IC 卡，卡内有线圈作数据传递和接收能源用，全部密封，所以防尘防水。又因为不用磁头读写，不存在磨损或受干优，或因磁头积尘而失效。非接触式 IC 卡能使用 10 万次以上，在耐用、可靠程度和经济上远优于磁卡。

◎ 智能停车场所具有的主要功能

这种系统的入口处具有自动发卡功能，此功能的优点是在入口处不用设有保安发卡，大大减少了人力资源的浪费。

防砸车功能，以防车辆未离开道闸处，而道闸自动下落，损坏车辆。

对讲功能，在入口与出口处及保安岗亭中都设有对讲分机与主机，方便了车主与保安之间的联系。

图像识别系统，避免了车辆的丢失。在此系统中，我们建议采用人工识别系统，在实际使用中，车牌自动识别系统是一种不成熟的技术，识别率要受到光线明暗、拍摄角度等条件的制约，因此识别率低于 60%，为了避免误辨，提高安全性，所以我们建议采用图像对比人工识别技术。

LED 动态文字显示：用户可根据需要任意输入中、西文字符，此字符将同"欢迎光临"等在 LED 显示屏上每隔 3 秒循环显示一次。

语音报价功能：采用此功能可提高停车场的服务质量，避免工作人员与车主之间误会，使收费程序更加规范、准确。

◎ 智能停车场的用户分类

第一类用户是固定用户，其特点是：停车场内有固定车位，每天驾驶车辆进出 0 ~ N 次。在现有停车场管理系统中，大多数是采用智能卡（近距离型）对固定用户进出停车场进行管理。也就是说，用户每次进出停车场时，驾驶人员必须靠近读卡机停车，并在读卡机设备前近距离（小于 1 米）出示智能卡，这样才能使读卡机读取卡片信息，驱动挡杆抬起，实现放行操作。

在车辆通过闸机过程中，驾驶员要完成一系列动作，如：减速、停车、开车窗、刷卡、等待挡杆抬起、开车等，显然，这是个虽能完成出入管理功能、但效率低下的管理方法。

一直以来，停车场者就希望能找到一种高效率的方法，在不停车条件下，实现对固定用户驾驶的车辆进行管理。这种解决问题的方法可以使驾驶员和车场管理者都感到满意。

第二类用户是临时用户，其特点是：停车场内没有固定车位，必要时驾车进出停车场，实现临时性停车。这类用户在进出停车场时，必须停车，接受管理。

神奇的电子鼻

◎ 测试疾病的电子鼻

糖尿病使病人的气息发出甜味，而发出腐败气味的伤口则意味着感染——古代的行医人员没有现代高度发达的技术，他们通常靠嗅觉诊断疾病。现在，科技正在使这项古老的手法变成现实。工程师正在仿照人类的鼻子来开发电子鼻，为不断寻求微创技术的医生开拓出一个崭新的领域——利用鼻子了解人体状况。

跟所有的有机生命体一样，细菌散发出独特的气体混合物，因此可以通过这些气体的气味来诊断细菌感染；而非细菌性疾病（如糖尿病）可以促成改变病人身体气味的生物化学变化。但是，对于人类来说，很多这样的气味难以察觉和识别。正在兴起的电子鼻技术可以辨别上述气味中的细微差别。不同类型的电子鼻都由一排嗅觉传感器组成，当接触到不同气味时，这些传感器会以独特的模式被激活，其中的软件通

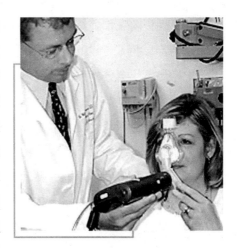

电子鼻在测试疾病

过分析这些模式来识别每一种气味及其来源。其实，人类的大脑也是通过同样的模式识别过程来辨别气味的。

电子鼻起初是为其他目的而设计，例如，嗅出泄漏的化学物质或者探测食物的腐败情况。然而，科学家的研究越来越多地揭示了这项技术在疾病诊断上的应用潜力。

美国的一位肺病专家说："呼气时会产生各种各样的挥发性有机化合物，这些化合物是新陈代谢造成的。癌症患者的新陈代谢会发生变化，呼出气体中的挥发性有机化合物也会随之变化。利用电子鼻可以探测到这些变化。"

知识小链接

鼻窦炎

鼻窦炎，正确的名称为副鼻窦炎，副鼻窦是脸部骨骼中充满气体的空腔，这些空腔内充满着黏膜。副鼻窦炎是指空腔中的黏膜肿胀及发炎。副鼻窦常发生于鼻伤风后，但并非全是如此。细菌、病毒及过敏也有可能是致病原因。

美国宾夕法尼亚大学麻醉师兼重症监护专家比尔·汉森证明了这项技术在诊断慢性鼻窦炎和肺炎上是有所帮助的；其他研究人员则证实，利用电子鼻可以将哮喘病人与健康人群区分开来。

电子鼻不仅会分析呼出的气息，还可以嗅出尿液、血液以及其他体液中遭受感染的情况。

比起其他诊断和检测，电子鼻具有快捷、便宜、创伤微小的特点。科学家对电子鼻进行了测试，并预计在不久的将来能够做到这一点：流鼻涕的病人去看医生，将气息呼进电子鼻后，不出几分钟就可以断定该病人是否存在鼻窦感染，是否需要使用抗生素。然而，波士顿塔夫茨大学的化学家、化学传感器设计师大卫·沃尔特指出，要想将这个设想变成现实，仍然任重而道远。他说："我还不能完全相信，在那里放着一台投入运行的电子鼻，它能够始终如一地做着诊断工作。"尽管目前的技术还很不成熟，但是比尔·汉森指出，电子鼻可以作为鉴别工具，用来识别哪些病人应该去做更为复杂的检测。

美国食品及药物管理局（FDA）已经审批通过了一种检测尿路感染的电子鼻，至于用于气息分析的电子鼻或其他医用电子鼻，尚待获批。"这是一个即将火爆起来的领域"，比尔·汉森说，"目前只是在等待某个财力雄厚的人拿出钱来，致力于商业性地开发电子鼻。"

◎ 高科技反恐防护武器——反恐电子鼻

美国田纳西州橡树岭国家实验室研制成功了一种能有效探测恐怖分子偷偷安放爆炸性危险物品的装置——反恐电子鼻，它能够在大约 20 秒内迅速确定探测目标内是否有炸弹或者炸药。

反恐电子鼻内部装有一个长为 180 微米、宽为 25 微米的 V 字形超微硅悬臂，科学家们在上面镀上一层黄金，在黄金镀层的表面添加一层薄薄的酸，使它能够极其敏感地嗅到组成炸药的两种典型的化学物质。一旦这两种化学物质的分子与这种酸发生化学反应，就会引起超微硅悬臂的弯曲。根据其弯曲度，即可推算出探测目标内是否有炸药以及有多少炸药。用反恐电子鼻来探测塑料炸弹，其灵敏度比其他探测技术高出 1000 多倍。

此外，科学家们还研制成功了一种新型的手提式电子鼻，用于收集被恐怖分子杀害者的相关资料。该电子鼻中的微型电脑储存了大量警犬气味数据。由于警犬通常是根据这些气味找到尸体的，只要用这种电子鼻扫过尸身，即可得知受害者的死亡时间。

拓展阅读

橡树岭

像树岭是美国田纳西州东部坎伯兰山区的一座新兴城市，人口约 2.8 万。第二次世界大战中美国在此修建了最早的铀分离工厂及有关科研、实验机构。美国投到日本广岛、长崎的原子弹即在此研制。橡树岭现以橡树岭研究所为中心进行核能、核物理的研究。

◆ 小型千里眼——迷你雷达

一个狙击手在到达狙击点后架起了迷你雷达，当目标车辆距他还有 1500 米时，雷达系统发出提示，正当他屏息以待时，雷达系统响起警示：500 米内有缓慢移动的目标！

枪声响起，狙击任务完成，狙击手安全地退出战场。

传统的地面监视雷达一般重约 45 千克，而且受天气影响较大，很难大规模装备。迷你雷达采用纳米微分子技术制造，将自重一下子缩减到 0.4 千克左右，重量是目前美军"捕食者"无人侦察机所用雷达的 1/40，体积仅有后者的 1%，可以使用普通的照相机三脚架作为支架，耗电量是笔记本电脑的 1/4。

迷你雷达具有与大型雷达许多相同的功能，可在各种恶劣天气下，提供高达 0.1 米分辨率的图像，唯一不同之处在于大型雷达因其天线长、发射功率高，探测距离可达 35 千米，而迷你雷达则只有 15 千米的探测距离。迷你雷达主要有两个应用：首先是作为各类无人机的侦察系统，一个士兵就可以背多个袖珍无人机实施侦察，战场将变得随处可察；其次，它可用于精确制导武器，原有雷达体积大、重量大、价格贵，不适合用于精确制导，迷你雷达则有效解决了这些问题。它能追踪发现 1000 米之内快速移动的人、500 米之内缓慢移动的人以及 1500 米范围内的车辆。

迷你雷达的操作非常简单，15 分钟之内就能学会。它可以利用磁性支架固定在车顶上，连接汽车的电源和车内的笔记本电脑之后，一个移动雷达站就建成了。

迷你雷达的适应性和便携性非常适合巡逻队使用。由于重量轻，可由单兵携带。

迷你雷达的开发商认为，一旦迷你雷达大规模装备部队，美军实施"精确作战"的成本将大大降低，精确打击作战将实现普及化。

火眼金睛——CT

CT 是一种功能齐全的病情探测仪器，它是电子计算机 X 射线断层摄影扫描技术的简称。然而似乎很少有人对这个烦琐的科学名称感兴趣，人们总是简单而又亲切地称其为 CT。不过科学名称有科学名称的好处，从这个名称里不难看出 CT 的技术基础：一是计算机技术；二是 X 射线断层摄影技术。

CT 是从 X 射线透视技术发展起来的。

当今世界上不知道 X 光、没有照过透视或拍过 X 光片的人不敢说绝对没有，但肯定不多见了。大家常见的 X 光片可以叫作平面透视，就是把 X 射线经过的物体按其对射线的吸收投影在胶片上，物体的前后是反映不出来的，医生只是根据人体解剖知识想象其层次关系。但是有时医生又必须知道物体的前后关系，于是就从其他角度再拍一张或几张胶片，以证实他想象的立体图像。这种技术称为 X 射线断层摄影技术。不过由于阴影的相互遮挡，有时要拍很多角度，而且立体的概念只能建立在想象上。

基本小知识

X 射线

X 射线是波长介于紫外线和 γ 射线间的电磁辐射。X 射线是一种波长很短的电磁辐射，其波长在 $(0.06 \sim 20) \times 10^{-8}$ 厘米。它由德国物理学家伦琴于 1895 年发现，故又称伦琴射线。

进入 20 世纪 70 年代，在计算机技术发展的基础上，诞生了 CT 装置。所谓 CT 就是在很多角度上对物体进行投影，穿过物体的射线由探测器接收，输入计算机，然后在计算机里用数学方法将其处理成一个断面图像。其后，CT 技术发展日新月异，由一个探测器发展到几百个乃至上千个探测器；由不到 180°扫描发展为 360°扫描乃至螺旋扫描；扫描一个层面的时间由几十分钟缩短为几十毫秒。目前先进的 CT 可以观察到零点几毫米的病变，可以一次扫描即形成三维立体图像，然后在计算机里从各个不同的角度进行观察，可以像看电影一样观察心脏的跳动，甚至其慢镜头回放。

◎ 医用 CT 的特点

目前，医用 CT 的特点有：X 射线被限制成一个扇面；得到的图像与射束平行（普通 X 射线摄影是与 X 射束垂直）；穿过人体后的信号由探测器接收，收到的是数字化信号；一次扫描，围绕所关心的区域采集数百个角度的信号，信息量极大；空间分辨率较低而密度分辨率很高；计算机处理后的图像输出噪声极低；图像可以以多种方式储存和输出，如几乎所有数字存储显示方式和胶片。

后面这三条就是 CT 技术受到医学界青睐的原因，也是评价 CT 质量优劣的主要方面，比如空间分辨率和密度分辨率。所谓空间分辨率就是准确区分细小物体的能力，例如早期颅脑肿瘤、内耳的微小肿瘤和极小血栓等。不难看出，空间分辨率的高低直接影响图像的质量和诊断能力。密度分辨率是影响 CT 性能的另一项重要参数。很多情况下病变组织和正常组织的密度差别只有百分之几，一般 X 射线摄影很难发现，只能依赖 CT 技术。不难看出，密度分辨率的高低同样也直接影响图像的质量和诊断能力。

如何客观评价图像质量在国外早已引起重视并进行了相当深入的研究。与其他放射诊断相同，我国在引进 CT 诊断技术的同时并未做到同时引进 CT 设备的检查维护技术。但是，最近数十年来，医学界一些工作在第一线的有识之士逐步对放射诊断特别是 CT 诊断的图像质量评估技术重视起来。其主要表现是引进图像质量检测设备，对图像质量进行研究，并取得了相当大的成果。

安检透视眼——X 光扫描汽车安检系统

一家五口和他们的货物、家当挤在一辆卡车里通过边境，如果是往常，可能要排数小时的队才能到达边境检查站，现在一路上几乎畅通无阻。到达检查站后，他们不需要把车上的东西搬下来或是一件件打开，只须降低速度通过透视门，在检查人员确认没有异常后，一家人即可通过边境，整个过程不会超过 20 秒钟。

对于美墨边境上的检查站来说，因为检查速度太慢导致交通阻断两个小时以上已经是司空见惯了。现有的检查系统都是为货物设计的，不适合检查行驶中的车辆，而且在检查大型车辆和大宗货物时，因为检查会产生大量辐射，人员都必须下车。这种检查系统的缺陷还包括价格昂贵、不易安装、检查并不仔细等。

X 光扫描汽车安检系统成本非常低，但效率却十分高。只要车辆驶过该系统中的检查门，该系统就能完成对爆炸物、毒品、货币和偷渡者的检查，乘客们甚至都不用下车，这对实施检查的人来说也省去了不少麻烦。

这个系统采用了双能量 X 射线透射技术，通过检查门的车辆速度只要低于每小时 16 千米，即可显示出整个车辆的透视影像。同时这个系统的辐射也在规定的安全范围之内。而且在任何道路上，用手动工具花 4 个小时就能完成该系统的安装。

◪ 地雷与炸弹的结合——智能雷弹

20 世纪 80 年代初期，美国研制了一种新型弹药，被称为智能雷弹。这种雷弹，由口径 155 毫米的重炮发射。如目标区域有敌方装甲车辆，它就作为制导炮弹攻击目标；如果没有合适的目

趣味点击　地雷

地雷是一种价格低廉的防御武器，是埋入地表下或布设于地面的爆炸性火器，最早的地雷发源于中国。

标，这种雷弹落到地面上，能起到反底甲地雷的作用。由此可见，智能雷弹具有一弹两用的特点。

智能雷弹

智能雷弹载有 6 枚小雷弹，并且装有红外寻的头。当小雷弹在目标上方被抛出后，红外寻的头控制尾翼，向装甲目标实施顶部攻击，过程类似智能末敏弹。部分智能雷弹未遇到合适目标，便降落到地面，成为地雷。当装甲车辆从附近通过，它会起爆，攻击装甲目标底部防护较薄弱处。可见智能雷弹兼备炸弹和地雷两种杀伤本领。

智能雷弹的开发将地雷与炸弹的性能融为一体，提高了地雷主动攻击目标的能力，而且可以提高地雷对目标的直接毁伤概率。

智能雷弹，将地雷的机构装入炸弹中，使炸弹也具有了地雷的性能，起到一弹两用的功效。这也是许多新式武器的特点。

智能雷弹可自动识别和摧毁目标，也叫自寻地雷。它由特殊的探测器、微处理器、雷壳、雷体和引信等组成。当探测器探测到目标后，立即将信号传给微处理器，由微处理器计算出目标运动速度，并实施跟踪。当目标达到它的攻击范围时，立即扑上去，追魂索命！

智能雷弹的主动攻击性，突破了地雷以前只作为一种防御武器的界限，随着技术的发展，智能雷弹的命中精度、智能化程度必将大大提高。

闻所未闻的新奇武器

冷战结束后，低强度冲突、恐怖事件、贩毒活动频频发生，给世界带来的不安并不亚于战争。对付上述情况，强杀伤性武器如飞机、坦克、大炮、机枪等往往派不上用场，而非致命的软杀伤性武器却大有用武之地。因此，许多国家都积极开展非致命性武器的研究工作。

目前，世界上已经研制成功和正在研制的非致命性武器功能各异，失能机理和作用对象也各不相同，比较典型的有：化学失能剂、幻觉武器、次声波武器、低能激光致盲武器、全向照射武器等。

◎ 等离子失能武器

俄罗斯研制成功了一种能在导弹飞行中将其摧毁的新概念失能武器。它由超高频发生器、导向天线和电源三部分组成，集搜索目标、发现目标和打击目标于一身。其最大特点是，发射出去的高能束不是聚焦在目标上，而是在目标的前方和两侧，当飞行器经过即可在瞬间将其摧毁。据称，该武器可以防止带核弹头的导弹的威胁，能将近音速或超音速飞行的飞机、导弹等各种飞行目标击毁。

◎ 新概念电子失能步枪

这是由英国研制成功的一种微电脑控制的电子步枪。这种步枪的射击方式与传统的机械步枪不同，它采用一种全新的射击原理，即用一个开关式装置代替扳机，开关启动后所产生的强电火花引发链式反应，为子弹发射提供动力。这种步枪的枪杆较粗，枪内设置了几套枪管，不同的枪管可以发射不同的子弹，通过充当扳机的开关，可在不同子弹之间选择火力。该步枪射出的子弹速度是机械步枪的两倍，而且它还带有一个微型摄像系统，能将观测到的周围环境图像，显示在使用者头盔内设置的一个微型显示屏上，可使操作者进行超视距瞄准射击。

▶ 第三代移动通信技术——3G

3G 是第三代移动通信技术的简称，是指支持高速数据传输的蜂窝移动通信技术。3G 服务能够同时传送声音（通话）及数据信息（电子邮件、即时通信等），代表特征是提供高速数据业务。

相对第一代模拟制式手机（1G）和第二代 GSM、CDMA 等数字手机（2G），第三代手机（3G）是指将无线通信与国际互联网等多媒体通信结合的新一代

广角镜

3G 手机

3G 手机，通俗地说就是指第三代手机。随着科技和经济的发展，目前的手机的品种和型号也是多得让人目不暇接，从第一代模拟制式手机到第二代的 GSM、CDMA 等数字手机，再到现在的第三代手机，手机已经成了集语音通信和多媒体通信，并且包括图像、音乐、网页浏览、电话会议以及其他一些信息服务等增值服务的新一代移动通信系统。

移动通信系统。

3G 是第三代通信网络，目前国内不支持除 GSM 和 CDMA 以外的网络，GSM 设备采用的是时分多址，而 CDMA 使用码分扩频技术，先进的功率和话音激活至少可提供大于 3 倍 GSM 网络的容量，业界将 CDMA 技术作为 3G 的主流技术，国际电信联盟确定三个无线接口标准，分别是 CDMA2000、WCDMA、TD－SCDMA，也就是说国内 CDMA 可以平滑过渡到 3G 网络。3G 的主要特征是可提供移动宽带多媒体业务。

1995 年问世的第一代模拟制式手机（1G）只能进行语音通话。

1996 到 1997 年出现的第二代 GSM、CDMA 等数字制式手机（2G）便增加了接收数据的功能，如接收电子邮件或网页。

其实，3G 并不是在 2009 年诞生的，早在 2007 年国外就已经产生 3G 了，而中国也于 2008 年成功开发出中国 3G，其下行速度峰值理论可达 3.6 兆比特/秒，上行速度峰值也可达 384 千比特/秒。它不可能像网上说的每秒 2G，当然，下一部电影也不可能瞬间完成。

◎3G 背景

2008 年 6 月 2 日，中国电信、中国联通及中国网通 H 股公司均发公告，公布了电信重组细节，而此时，距离 5 月 23 日上述运营商由于电信重组停牌，刚刚过去 6 个半交易日。随着电信重组方案的确定，中国电信运营商形成了三足鼎立之势。在本次电信重组中，中国铁通被并入中国移动，变成了中

知识小链接

中国联通

中国联通，全称是中国联合网络通信集团有限公司。它于 2009 年 1 月 6 日在原中国网通和原中国联通的基础上合并组建而成，在国内 31 个省（自治区、直辖市）和境外多个国家和地区设有分支机构，是中国唯一一家在纽约、香港、上海三地同时上市的电信运营企业，连续多年入选"世界 500 强企业"。

国移动的一家全资子公司。那么此前中国铁通无论是固定电话用户还是宽带用户都被转成中国移动的用户。

中国的 3 张 3G 牌基本采用三个不同标准，TD－SCDMA（时分同步码分多址）为中国自主研发的 3G 标准，目前已被国际电信联盟接受，与 WCDMA（宽带码多分址）和 CDMA2000 合称世界 3G 的三大主流标准。

根据电信业重组方案，3G 牌照的发放方式是：中国移动获得 TD－SCDMA 牌照，中国电信获得 CDMA2000 牌照，中国联通获得 WCDMA 牌照。

2008 年 12 月 31 日，国务院召开国务院常务会议，同意启动第三代移动通信牌照发放工作。会议指出，TD－SCDMA 作为第三代移动通信国际标准，是我国科技自主创新的重要标志，国家

你知道吗

中国移动

中国移动，全称是中国移动通信集团公司。它于 2000 年 4 月 20 日成立，是一家基于 GSM 和 TD－SCDMA 制式网络的移动通信运营商。中国移动通信集团公司是根据国家关于电信体制改革的部署和要求，在原中国电信移动通信资产总体剥离的基础上组建的国有骨干企业。

将继续支持研发、产业化和应用推广。发放第三代移动通信牌照对于拉动内需、优化电信市场竞争结构，促进 TD－SCDMA 产业链成熟，具有重要作用。电信企业改革重组工作基本完成，已具备发放第三代移动通信 TD－SCDMA、WCDMA、CDMA2000 牌照的条件。会议同意工业和信息化部按照程序，启动牌照发放工作。

◎3G 中国

3G 中国是中国最大的专业化 3G 手机网络商务服务平台的注册商标。它包括行业、企业、产品、服务和贸易功能等，是企业在 3G 网络上实现 WAP 网站建设、行业新媒体传播、移动商务运营、无线及时沟通的集成型系统服务平台，其行业整合的推广理念和 3G 网络无线通信的全新营销模式，形成了

一个 3G 无线信息网络。它的所有功能设置和增值服务，都为使用者提供完善、高效的 3G 体验，完美体现 3G 时代强势商务内涵。

引领3G生活

中国移动 3G 标志

中国电信的 3G 标志

中国已经成为全球最大的移动通信消费国，2008 年中国移动通信用户已经超过 6 亿，手机新闻、手机博客、手机收发邮件等一系列移动互联网的新发展得到普及，然而这一切都仅仅被应用于个人，移动商务的应用需求越来越迫切，让企业通过移动互联网实现企业与用户之间的信息互动，并由此开展的深层次、全方位应用是今天企业的最大需求，伴随工业和信息化部的成立，"3G 中国"的启动成为下一步"以信息化带动工业化"的重要举措。

定位时尚群体

定位商务人群

2009 年 1 月 7 日，工业和信息化部为中国移动、中国电信和中国联通发放 3 张第三代移动通信（3G）牌照，此举标志着我国正式进入 3G 时代。其中，批准：中国移动增加基于 TD – SCDMA 技术制式的 3G 牌照；中国电信增加基于 CDMA2000 技术制式的 3G 牌照；中国联通增加了基于 WCDMA

定位家庭用户

中国联通的 3G 标志

技术制式的 3G 牌照。

◎3G 手机

3G 手机是基于移动互联网技术的终端设备，3G 手机完全是通信业和计算机工业相融合的产物，和此前的手机相比差别实在是太大了，因此越来越多的人开始称呼这类新的移动通信产品为"个人通信终端"。即使是对通信业最外行的人也可从外形上轻易地判断出一台手机是否是第三代：第三代手机都有一个超大的彩色显示屏，往往还是触摸式的。3G 手机除了能完成高质量的日常通信外，还能进行多

电信 3G 手机

媒体通信。用户可以在 3G 手机的触摸显示屏上直接写字、绘图，并将其传送给另一台手机，而所需时间可能不到一秒。当然，也可以将这些信息传送给一台电脑，或从电脑中下载某些信息；用户可以用 3G 手机直接上网，查看电子邮件或浏览网页。

3G 通信是移动通信市场经历了第一代模拟技术的移动通信业务的引入，在第二代数字移动通信市场的蓬勃发展中被引入日程的。在当今国际互联网数据业务不断升温中，在固定接入速率（HDSL、ADSL、VDSL）不断提升的背景下，3G 移动通信系统也看到了市场的曙光，益发为电信运营商、通信设备制造商和普通用户所关注。

◎3G 标准

3G 标准分别是 WCDMA（欧洲版）、CDMA2000（美国版）和 TD – SCD-MA（中国版）。

国际电信联盟（ITU）在 2000 年 5 月确定 WCDMA、CDMA2000 和 TD –

SCDMA 三大主流无线接口标准，并写入 3G 技术指导性文件《2000 年国际移动通讯计划》（简称 IMT – 2000）。CDMA 是 Code Division Multiple Access（码分多址）的缩写，是第三代移动通信系统的技术基础。第一代移动通信系统采用频分多址（FDMA）的模拟调制方式，这种系统的主要缺点是频谱利用率低，信令干扰话音业务。第二代移动通信系统主要采用时分多址（TDMA）的数字调制方式，提高了系统容量，并采用独立信道传送信令，使系统性能大大改善，但 TDMA 的系统容量仍然有限，越区切换性能仍不完善。CDMA 系统以其频率规划简单、系统容量大、频率复用系数高、抗多径能力强、通信质量好、软容量、软切换等特点显示出巨大的发展潜力。

◎3G 时代

3G 将会给生活带来全新享受：3G 就是出租车里的视频会议；3G 就是你坐火车也不会错过你喜欢的电视剧；3G 就是从现场发回总部供分析用的图像；3G 就是与朋友共享你在摩洛哥的美妙假期。

中国的 3G 之路刚刚开始，最先普及的 3G 应用是"无线宽带上网"，手机用户可随时随地用手机上网。而无线互联网的流媒体业务将逐渐成为主导。

◎3G 的核心应用

宽带上网

宽带上网是 3G 手机的一项很重要的功能，届时我们能在手机上收发语音邮件、写博客、聊天、搜索、下载图片和铃声等。现在不少人以为这些在手机上的功能应用要等到 3G 时代，但其

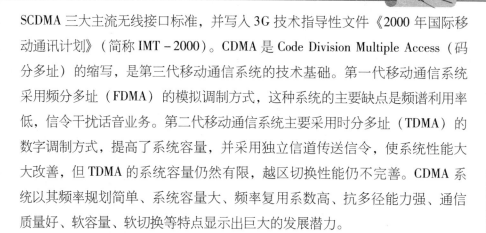

趣味点击　博客

博客，又译为网络日志，是一种通常由个人管理、不定期张贴新的文章的网站。

实目前的无线互联网门户也已经可以提供。尽管目前的 GPRS 网络速度还不能让人非常满意，但 3G 时代来了，手机变成小电脑就再也不是梦想了。

视频通话

3G 时代，传统的语音通话已经是个很弱的功能了，视频通话和语音信箱等新业务才是主流。传统的语音通话资费会降低，而视觉冲击力强，快速直接的视频通话将会更加普及和飞速发展。

3G 时代被谈论得最多的是手机的视频通话功能，这也是在国外最为流行的 3G 服务之一。相信不少人都用过 QQ、MSN 或 Skype 的视频聊天功能，与远方的亲人、朋友"面对面"地聊天。今后，依靠 3G 网络的高速数据传输，3G 手机用户也可以"面谈"了。当你用 3G 手机拨打视频电话时，不再是把手机放在耳边，而是面对手机，再戴上有线耳麦或蓝牙耳麦，你会在手机屏幕上看到对方影像，你自己也会被录制下来并传送给对方。

手机电视

从运营商层面来说，3G 牌照的发放解决了一个很大的技术障碍，中国移动多媒体广播（CMMB）等标准的建设也推动了整个行业的发展。手机流媒体软件会成为 3G 时代最多使用的手机电视软件，在视频影像的流畅和画面质量上不断提升，突破技术瓶颈，真正大规模地被应用。

无线搜索

对用户来说，这是比较实用型的移动网络服务，也能让人快速接受。随时随地用手机搜索将会变成更多手机用户的一种平常的生活习惯。

手机音乐

在无线互联网发展成熟的日本，手机音乐是最为亮丽的一道风景线，通过手机上网下载音乐的用户数量是电脑的 50 倍。3G 时代，只要在手机上安装一款手机音乐软件，就能通过手机网络，随时随地让手机变身为音乐魔盒，轻松收纳无数首歌曲，下载速度更快，耗费的流量几乎可以忽略不计。

手机购物

不少人都有在淘宝网上购物的经历，但手机商城对不少人来说还是个新鲜事。事实上，移动电子商务是3G时代手机上网用户的最爱。目前90%的日本、韩国手机用户都已经习惯在手机上消费，甚至是购买大米、洗衣粉这样的日常生活用品。专家预计，中国未来手机购物会有一个高速增长期，用户只要开通手机上网服务，就可以通过手机查询商品信息，并在线支付所购买的产品。3G可以让手机购物变得更实在，高质量的图片与视频会话能使商家与消费者的距离拉近，改善购物体验，手机购物将成为新潮流。

基本小知识

淘宝网

淘宝网是亚太最大的网络零售商圈，并致力打造全球领先的网络零售商圈，由阿里巴巴集团在2003年5月10日投资创立。淘宝网现在业务横跨C2C（个人对个人）、B2C（商家对个人）两大部分。

手机网游

与电脑的网游相比，手机网游的体验并不好，但方便携带，随时可以玩。这种利用了零碎时间的网游是目前年轻人的新宠，也是3G时代的一个重要资本增长点。3G时代到来之后，游戏平台会更加稳定和快速，兼容性更高，即"更好玩了"，像是升级的版本一样，让用户在游戏的视觉和效果方面感受更高级别的体验。

手机网游

▶ 弹道导弹防御系统

　　弹道导弹防御系统是指拦截敌方来袭的战略弹道导弹的武器系统。它包括弹道导弹预警系统、目标识别系统、反弹道导弹导弹、引导系统和指挥控制通信系统。

　　弹道导弹防御系统于 20 世纪 50 年代开始研制。美国先后研制了"奈基－宙斯"和"卫兵"弹道导弹防御系统，前者只采用高空拦截导弹，后者用高空和低空拦截导弹分层拦截。1970 年，美国建立了"卫兵"系统的第一个发射场。前苏联在 20 世纪 60 年代研制和部署了用于高空拦截的反弹道导弹导弹，1967 年建成莫斯科反导弹导弹防区。已有的弹道导弹防御系统造价昂贵，作战性能并不理想。现代进攻性战略弹道导弹广泛采用分导式多弹头以及突防装置，导弹弹头做了核加固，对弹道导弹防御系统提出了更高的要求，防御系统变得更加复杂，技术难度增大。

　　1976 年，美国关闭了"卫兵"系统的发射场。1980 年，前苏联决定把已经部署的 64 枚反弹道导弹导弹撤除一半。反弹道导弹导弹是防御系统的拦截器，按拦截空域分为高空（大气层外）和低空（大气层内）拦截导弹。它是在地空导弹的基础上发展起来的，通常是两级或三级有翼导弹，以对付全方位来袭的战略导弹。拦截导弹由战斗部、弹上制导设备或系统、动力装置、弹体、电源系统等组成。弹上制导设备或系统能使导弹保持飞行稳定并能引导导弹飞向目标。动力装置通常采用固体火箭发动机。这种发动机除用来推动导弹的飞行外，还用于稳定导弹的姿态，改变飞行弹道。低空拦截导弹的发动机除要求高比冲、高质量以外，还要求高燃速，使该导弹能在数秒钟内达到几千米每秒的速度，以便赢得时间，有效地进行拦截。这种导弹的弹体往往采用锥柱形或全锥形气动外形，使导弹在做超音速飞行时具有小的阻力，大的升阻比和良好的操纵性能。低空拦截导弹在大气层内飞行时，最大速度超过 10 倍音速，气动加热会使弹体表面温度高达 3000℃以上，一般使用烧蚀材料保护弹体。

弹道导弹防御系统应能及时发现和正确识别目标、对目标精确跟踪、迅速作出决策和有效地进行拦截。通常由弹道导弹预警系统首先发现目标，再由目标识别系统，如雷达或光学系统，从一群目标中区分出真假目标。引导系统由地面发射装置、目标跟踪雷达和引导雷达组成。根据弹道导弹预警系统提供的目标信息，目标跟踪雷达不间断地测定目标的精确位置、速度等弹道参数并传输给指挥控制通信系统和引导雷达。指挥控制通信系统迅速作出决策，指挥发射反弹道导弹导弹，并由引导雷达导引导弹准确地拦截目标。20 世纪 80 年代以来，美国等国家在发展采用常规装药的多层拦截系统的同时，正把注意力转向于发展新的反导弹武器，如激光、粒子束等反导弹武器，以组成太空导弹防御系统。

广角镜

雷达

雷达是利用电磁波探测目标的电子设备。各种雷达的具体用途和结构不尽相同，但基本形式是一致的，包括：发射机、发射天线、接收机、接收天线、处理部分和显示器，还有电源设备、数据录取设备、抗干扰设备等辅助设备。

反弹道导弹防御系统之战略防御计划，简称"星球大战计划"。它源自美国总统罗纳德·里根在冷战后期的（1983 年 3 月 23 日）一个著名演说。该计划于 1994 年开始部署，其核心内容是：以各种手段攻击敌方的外太空的洲际战略导弹和外太空航天器，以防止敌对国家对美国及其盟国发动的核打击。其技

美国弹道导弹防御系统

术手段包括在外太空和地面部署定向能武器（如微波、激光、高能粒子束、电磁动能武器等）或常规打击武器，在敌方战略导弹来袭的各个阶段进行多层次的拦截。美国的许多盟国，包括英国、意大利、德国、以色列、日本等，也在美国的要求下不同程度地参与了这项计划。

"星球大战计划"由"洲际弹道导弹防御计划"和"反卫星计划"两部分组成，其预算高达 1 万多亿美元。拦截系统由天基侦察卫星、天基反导弹卫星组成第一道防线，用常规弹头或定向能武器攻击在发射和穿越大气层阶段的战略导弹；由陆基或舰载激光武器摧毁穿出大气层的分离弹头；由天基定向能武器、陆基或舰载激光武器攻击在再入大气层前阶段飞行的核弹头；用反导导弹、动能武器、粒子束等武器摧毁重返大气层后的"漏网之鱼"。经过上述 4 道防线，可以确保对来袭核弹的 99% 摧毁率。同时在核战争发生时，以反卫星武器摧毁敌方的军用卫星，打击削弱敌方的监视、预警、通信、导航能力。

由于该计划费用昂贵和技术难度大，许多计划中的项目，如著名的"X－30"，"X－33"等最终无限期延长甚至终止。加上前苏联后来的解体，美国在已经花费了近千亿美元的费用后，于 20 世纪 90 年代宣布中止"星球大战计划"。

美国是目前世界上最积极发展并扩散反弹道导弹系统的国家之一，根据作战任务的不同，美国目前正在发展两种类型的反弹道导弹系统，即战区导弹防御系统和国家导弹防御系统。战区导弹防御系统用于保护美国海外驻军及设施、友军和盟国免遭近程、中程和中远程弹道导弹的攻击。战区导弹防御系统可装在地面车辆上（陆基）、军舰上（海基）和飞机上（空基）。国家导弹防御系统是部署在美国本土的陆基弹道导弹防御系统，采用直接碰撞的方式在大气层外拦截目标，用于保护美国 50 个州免遭有限数量的远程弹道导弹攻击，但是不能防御大规模的弹道导弹攻击和在美国本土海岸附近发射的近程弹道导弹攻击。

激光、电磁、等离子和微波技术领域

激光被广泛应用是因为它的特性。激光几乎是一种单色光波，频率范围极窄，又可在一个狭小的方向内集中高能量，因此利用聚焦后的激光束可以对各种材料进行打孔。以红宝石激光器为例，它输出脉冲的总能量不够煮熟一个鸡蛋，但却能在 3 毫米的钢板上钻出一个小孔。激光拥有上述特性，并不是因为它有与众不同的光能，而是它的功率密度十分高，这就是激光被广泛应用的原因。激光还被广泛地应用于很多其他领域，例如：激光美容技术、激光手术技术、激光招牌技术等都是运用激光的特性加以发挥，得到其惊人的实用价值！

除了激光技术外，本章还将向您介绍电磁、等离子和微波技术，带您一起揭开这些高新技术的神秘面纱！

"第二原子弹" ——电磁脉冲武器

◎ 武器概述

　　电磁脉冲武器号称"第二原子弹"，世界军事强国电磁脉冲武器开始走向实用化，对电子信息系统、指挥控制系统及网络等构成极大威胁。常规型的电磁脉冲炸弹已经爆响，而核电磁脉冲炸弹——"第二原子弹"正在向人类逼近。

　　目前电磁脉冲武器主要包括核电磁脉冲弹和非核电磁脉冲弹。核电磁脉冲弹是一种以增强电磁脉冲效应为主要特征的新型核武器。非核电磁脉冲弹，是利用炸药爆炸压缩磁通量的方法产生高功率微波的电磁脉冲武器。电磁脉冲武器可使武器、通信、预警、雷达系统设备中的电子元器件失效或烧毁，导致系统出现误码、记忆信息抹掉等问题，强大的高功率微波辐射会使整个通信网络失控，甚至能够提前引爆导弹中的战斗部或炸药。电磁脉冲武器还能杀伤人员，当微波低功率照射时，可使导弹、雷达的操纵人员、飞机驾驶员、炮

美国战略级电磁脉冲弹

手及坦克手等的生理功能发生紊乱，出现烦躁、头痛、记忆力减退、神经错乱以及心脏功能衰竭等症状；当微波高功率照射时，人的皮肤灼热，眼患白内障，皮肤内部组织严重烧伤甚至致死。前苏联的研究人员曾用山羊进行过强微波照射试验，结果 1 千米以外的山羊顷刻间死亡，2 千米以外的山羊也丧失活动功能而瘫痪倒地。

◎ 可怕武器

1961 年 10 月 31 日，前苏联在新地岛上空 35 千米处进行空爆核试验，不料氢弹不仅毁灭了爆炸中心附近的一切，还对数千千米范围内的电子系统产生冲击，苏军地面的防空雷达被烧坏，无法探测空中的飞行目标；数千千米长的通信中断，部队 1 个多小时处于无法指挥状态。无独有偶，1963 年 7 月 9 日，美国在太平洋的约翰斯顿岛上空 400 千米处进行空爆核试验后，距约翰斯顿岛 1400 千米之遥的檀香山却陷入一片混乱。防盗报警器响个不停，街灯熄灭，动力设备上的继电器一个个被烧毁……

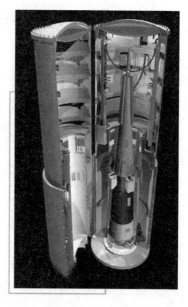

美国战略级电磁脉冲弹

当时人们并不能解开这个谜。后来经过几年的研究，才发现这是氢弹爆炸所产生的电磁脉冲造成的恶果。原子弹爆炸会产生冲击波、光辐射、早期核辐射和放射性污染四种效应，而氢弹爆炸又增加了另一种效应，即电磁脉冲。

氢弹爆炸时，早期核辐射中的 α 射线会与周围介质中的分子、原子相互作用，激发并产生高速运动的电子（康普顿效应），大量高速运动的电子形成很强的电场。在爆炸中心几千米范围内电场强度可达到每米几千伏到几万伏，并以光速向四周传播。它的作用范围随着爆炸高度的增加而扩大，当量 1000 吨的氢弹如在 40 千米高空爆炸，可影响整个欧洲。

美国军事专家看到了这种由核爆炸产生的瞬时电磁脉冲的军事价值，开始不遗余力地研究如何增强核爆炸时产生的电磁脉冲效应而抑制其他几种效应，他们把这种能产生强大电磁脉冲的武器称为电磁脉冲弹。

◎ 破坏效应

电磁脉冲，是短暂并瞬间产生变化的电磁现象，它以空间辐射的传播形式，透过电磁波，可对电子、信息、电力、光电、微波等设施造成破坏，可使电子设备半导体绝缘层或集成电路烧毁，甚至是永久损坏。

> ### 知识小链接
>
> ## 电 力
>
> 电力发明于19世纪70年代，是以电能作为动力的能源。电力的发明和应用掀起了第二次工业化高潮。

强大的电磁脉冲建立的瞬间电场，使通信系统内部电场重新分布，形成电涌电压，对通信信号系统造成损坏。

强大的电磁场，穿过通信系统内部电路，产生感生电流，造成通信信号差模干扰，损坏系统。

见过原子弹爆炸的人很少，但是，几乎人人都见过"第二原子弹"爆炸。这种爆炸就是自然界的雷电和静电现象。雷电、静电形成的电磁辐射，太阳、星际的电磁辐射，地球磁场和大气中的电磁场，所产生的爆炸只是有大小区别，其原理都是一致的。此外，"第二原子弹"的爆炸还有人为现象，就是人为产生电磁辐射源的电磁辐射。

随着科学技术的发展，全社会电气设备大量普及，如电视发射台、广播发射台、无线电台站、航空导航系统、雷达系统、移动通信系统、高电压送变电系统、大电流工频设备和干线电气化铁路系统等。总之，一切以电磁能应用进行工作的工业、科学、医疗、军用的电磁辐射设备，以及电火花点燃内燃机为动力的机器、车辆、船舶、家用电器、办公设备、电动工具等，都会产生不同频率、不同强度的电磁辐射。其中，大部分是电磁脉冲辐射。

现代战场的电磁环境是各种电磁能量共同作用的复合环境，既有自然电

核武器

磁干扰源，如雷电、静电等，又有强烈的人为干扰源，如各种功率的雷达、无线电通信、导航、计算机以及与之对抗的电子战设备、新概念电磁武器等。因此，战场电磁环境比平时要复杂得多，高技术条件下的战场电磁环境效应主要由各类电磁脉冲场构成。

如此说来，没有蘑菇云的人类灾难——电磁脉冲灾害，可分为自然的和人为的两大类。和平时期，各种自然和人为的电磁脉冲危害时时发生。全球每年因雷电电磁脉冲导致信息系统瘫痪等事故频繁发生，卫星通信、导航、计算机网络乃至家用电器都会受到雷电灾害的严重威胁。仅上海市 1999 年由于雷电所造成的损失就超过 2 亿元。

核电磁脉冲是核爆炸所产生的强电磁辐射，核电磁脉冲的破坏力十分巨大。一些国家的核试验中，核电磁脉冲能量侵入电子、电力系统，烧断电缆、烧坏电子设备的事例也屡见不鲜。高空核爆炸所产生的电磁脉冲危害，比地面和地下核爆炸更大，核电磁脉冲强度大、覆盖区域广。

由于大气的衰减作用，高空核爆炸产生的热、冲击波、辐射等效应，对地面设施的危害范围都不如电磁脉冲效应大，100 万吨当量的

核爆炸试验

核武器在高空爆炸时，总能量中约万分之三以电磁脉冲的形式辐射出去。随着核技术的发展，发达国家已研制出核电磁脉冲弹，增强了电磁脉冲效应，而削弱了冲击波、核辐射等效应，电磁脉冲的破坏力明显增大。

◎ 武器竞争

人类研制电磁脉冲武器起始于20世纪70年代，至20世纪90年代进入实用化阶段。

1985年，美国在制订"战略防御倡议"计划时，把高功率微波武器列为其空间武器的主攻项目，重点研究其杀伤机理。1987年，美国国防部提出"平衡技术倡议"计划，高功率微波武器是其五大关键技术之一。

1991年海湾战争期间，美军在E-8"联合星"飞机携带和使用电磁脉冲武器。美国和俄罗斯小型化电磁干扰机，可被常规武器投掷到敌方，不仅可损伤敌方指挥控制系统，而且直接影响精确制导武器和信息化单兵的作战效能。1992年7月，美国国会总审计局向众议院军事委员会提交《国防基础技术、军用特殊技术依赖外国带来的风险》报告，提出未来先进武器最关键的6项技术，其中包括高功率微波武器。美国海陆空三军还分别制订了高功率微波武器的发展计划。

1993年，美国进行了代号为"竖琴"的电磁脉冲武器实验，天线群向电离层发射电磁脉冲，阻断通信和摧毁来袭导弹。1996年，美国一国家实验室研制出手提箱大小的高能电磁脉冲武器，以及可装备在巡航导弹上的电磁脉冲武器，其有效作战半径达10千米。

1998年，俄罗斯发明了重8千克的小型强电流电子加速器，爆炸时发出X射线、高功率微波，可破坏电子设备。

拓展思考

海湾战争对环境的污染

1990年底爆发的海湾战争历时42天，其间油井大火昼夜燃烧，是迄今历史上最大的石油火灾及海洋石油污染事故，也是人类历史上最严重的一次环境污染，其污染程度超过切尔诺贝利核电站发生的核泄漏事故。

1999 年 3 月，美国在对南联盟的轰炸中，使用了尚在试验中的微波武器，造成南联盟部分地区通信设施瘫痪 3 个多小时。伊拉克战争中，美军于 2003 年 3 月 26 日用电磁脉冲炸弹空袭伊拉克国家电视台，造成其转播信号中断。

除俄罗斯和美国外，英、法、德、日等国家，也都在进行高功率微波武器的开发。有国际军事专家分析认为，海湾战争中，伊拉克之所以被动挨打，重要原因是指挥控制系统和防空设施遭到破坏，丧失电磁环境控制权。

◎ 防御措施

电磁脉冲炸弹的打击目标与传统原子弹有很大不同。它的攻击目标有三类：一是军用、民用电子通信中心和金融中心，如指挥部、军舰、通信大楼和政府要地等；二是防空预警系统；三是各类导弹和导弹防护系统。

基本小知识

亚利桑那州

亚利桑那是美国西南部 4 个州之一，是第 48 个加入美国联邦的州。它东接新墨西哥州，南与墨西哥共和国毗连，西隔科罗拉多河与加利福尼亚州相望，西北接内华达州，北接犹他州。

美国与前苏联在研究和发展电磁脉冲武器时，都十分重视武器装备电磁环境效应和防护加固技术的研究。1979 年，美国总统卡特发布命令，强调核电磁脉冲的严重威胁，要求每开发一种武器，必须考虑对电磁脉冲的防护能力。为此，美国在新墨西哥州、亚利桑那州等地，建立了十余座电磁脉冲场模拟器。

从 20 世纪 60 年代起，一些国家开始核电磁脉冲特性研究，陆续取得了一定的进展。但是，对电磁防护的研究，基本都停留在电磁兼容范畴内，未重视电磁脉冲防护。至今，这些国家的绝大多数军用、民用电子设备仍未采取电磁脉冲防护措施，有的甚至无任何强制性出厂检验标准和设施，其整体水平至少落后美国和俄罗斯 20 年。

这意味着，这些国家在军事强国的电磁脉冲武器的打击面前，早已敞开了胸膛。一旦这些国家的政府机构、金融中心、通信网络、广播电视等事关国计民生的重要系统和军事设施，受到强电磁脉冲武器打击时，不可避免地出现大范围瘫痪或损坏，国民经济和社会秩序难以正常运行。

等离子体技术

等离子体技术是指应用等离子体发生器产生的部分电离等离子体完成一定工业生产目标的手段。等离子体的温度高，能提供高焓值的工作介质，生产常规方法不能得到的材料，加之有气氛可控、设备相对简单、能显著缩短工艺流程等优点，所以等离子体技术获得了很大的发展。1879 年，克鲁克斯指出放电管中的电离气体是不同于气体、液体、固体的物质第四态，1928 年朗缪尔给它起名为等离子体。最常见的等离子体有电弧、霓虹灯和日光灯的发光气体以及闪电、极光等。随着科学技术的发展，人们已经能用多种方法人工产生等离子体，从而形成一种应用广泛的等离子体技术。一般来说，温度在 $-165℃$ 左右的等离子体称高温等离子体，目前只用于受控热核聚变实验中；具有工业应用价值的等离子体是温度在 $-67.15℃ \sim 246.85℃$、能持续几分钟乃至几十个小时的低温等离子体，主要用气体放电法和燃烧法获得。气体放电又分为电弧放电、高频感应放电和低气压放电。前两者产生的等离子体称热等离子体，主要用作高温热源；后者产生的等离子体称冷等离子体，具有工业上可利用的特殊的物理性质。

◎ 等离子体技术的应用

等离子体机械加工

人们利用等离子体喷枪产生的高温高速射流，可进行焊接、堆焊、喷涂、

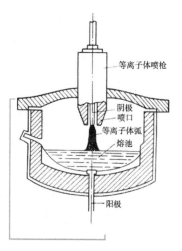

等离子体电弧熔炉示意图

逆变微束等离子弧焊机

切割、加热切削等机械加工。等离子弧焊接比钨极氩弧焊接快得多。1965 年问世的微等离子弧焊接，可用于加工十分细小的工件。等离子弧堆焊可在部件上堆焊耐磨、耐腐蚀、耐高温的合金，用来加工各种特殊阀门、钻头、刀具、模具和机轴等。利用电弧等离子体的高温和强喷射力，还能把金属或非金属喷涂在工件表面，以提高工件的耐磨、耐腐蚀、耐高温氧化、抗震等性能。等离子体切割是用电弧等离子体将被切割的金属迅速局部加热到熔化状态，同时用高速气流将已熔金属吹掉而形成狭窄的切口。等离子体加热切削是在刀具前适当设置一等离子体弧，让金属在切削前受热，改变加工材料的机械性能，使之易于切削。这种方法比常规切削方法提高工效 5 ~ 20 倍。

等离子体化工

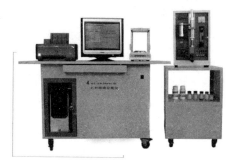

电弧红外碳硫分析仪

人们利用等离子体的高温或其中的活性粒子和辐射来促成某些化学反应，以获取新的物质，如用电弧等离子体制备氮化硼超细粉，用高频等离子体制备二氧化钛（钛白）粉等。

等离子体冶金

从20世纪60年代开始，人们利用热等离子体熔化和精炼金属，现在等离子体电弧熔炼炉已广泛用于熔化耐高温合金和炼制高级合金钢，还可用来促进化学反应以及从矿物中提取所需产物。

等离子体表面处理

用冷等离子体处理金属或非金属固体表面，效果显著，如在光学透镜表面沉积10微米的有机硅单体薄膜，可改善透镜的抗划痕性能和反射指数；用冷等离子体处理聚酯织物，可改变其表面浸润性。这一技术还常用于金属固体表面的清洗和刻蚀。

气动热模拟

用电弧加热器产生的高温气流，能模拟超高速飞行器进入大气层时所处的严重气动加热环境，从而可用于研制适于超高速飞行器的热防护系统和材料。此外，燃烧产生的等离子体还用于磁流体发电。20世纪70年代以来，人们利用电离气体中电流和磁场的相互作用力使气体高速喷射而产生的推力，制造出磁

电弧加热器

等离子体动力推进器和脉冲等离子体推进器。这种推进器的比冲比化学燃料推进器高得多，已成为航天技术中较为理想的推进方法。

▷ 激光光谱

激光光谱是以激光为光源的光谱技术。与普通光源相比，激光光源具有单色性好、亮度高、方向性强和相干性强等特点，是用来研究光与物质的相

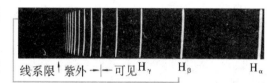

氢原子光谱

互作用，从而辨认物质及其所在体系的结构、组成、状态和变化的理想光源。激光的出现使原有的光谱技术在灵敏度和分辨率方面得到很大的改善。因为科学家已经能获得强度极高、脉冲宽度极窄的激光，所以人们对多光子过程、非线性光化学过程以及分子被激发后的弛豫过程的观察成为可能，并分别发展成为新的光谱技术。激光光谱学已成为与物理学、化学、生物学及材料科学等密切相关的研究领域。

你知道吗
物理学与其他许多自然科学息息相关

物理学与其他许多自然科学息息相关，如数学、化学、生物学、天文学和地质学等，特别是数学和化学。化学与某些物理学领域的关系深远，如量子力学、热力学和电磁学，而数学是物理学的基本工具，也就是说物理学依赖着数学。

可调（谐）激光光源实际上是一台可调谐激光器，又称波长可变激光器或调频激光器。它所发出的激光，波长可连续改变，是理想的光谱研究用光源。可调谐激光器的波长范围在真空紫外的 118.8 纳米至微波的 8.3 毫米。可调谐激光器分为连续波和脉冲两种，脉冲激光的单色性比一般光源好，但其线宽不能低于脉宽的倒数值，分辨率较低。

◎ 常见的激光光谱

吸收光谱

激光用于吸收光谱，可取代普通光源，省去单色器或分光装置。激光的强度高，足以抑制检测器的噪声干扰。激光的准直性有利于采用往复式光路设计，以增加光束通过样品池的次数。激光的这些特点均可提高光谱仪的检测灵敏度。除去通过测量光束经过样品池后的衰减率的方法对样品中待测成分进行分析外，由于激光与基质作用后产生的热效应或电离效应也较易检测到，以此为基础发展而成的光声光谱分析技术和激光诱导荧光光谱分析技术已获得应用。

荧光光谱

高强度激光能够使吸收物种中相当数量的分子提升到激发量子态，因此极大地提高了荧光光谱的灵敏度。以激光为光源的荧光光谱适用于超低浓度样品的检测，例如用氮分子激光泵浦的可调染料激光器对荧光素钠的单脉冲检测比用普通光源得到的最高灵敏度提高了一个数量级。

拉曼光谱

激光使拉曼光谱获得了新生，因为激光的高强度极大地提高了包含双光子过程的拉曼光谱的灵敏度、分辨率和实用性。为了进一步提高拉曼散射的强度，最近又研究出两种新技术，即共振拉曼光谱法和相关反斯托克斯拉曼光谱法（CARS），使灵敏度得到更大的提高，但尚未成为常规的分析方法。

高分辨激光光谱

激光对高分辨激光光谱的发展起很大作用，是研究原子、分子和离子结构的有力工具，可用来研究谱线的精细和超精细分裂、塞曼和斯塔克分裂、光位移、碰撞加宽、碰撞位移等效应。

时间分辨激光光谱

能输出脉冲持续时间短至纳秒或皮秒的高强度脉冲激光器，是研究光与物质相互作用时瞬态过程的有力工具，例如，测定激发态寿命以及研究气、液、固相中原子、分子和离子的弛豫过程。

◑ 激光照排技术

九百多年以前，一位聪明的工匠用泥做了些小字模而流传千古，他就是在中国家喻户晓的活字印刷术发明者毕昇；九百年后又一位中国的"毕昇"发明了"精密汉字照排系统"，他就是"激光照排之父"——王选。激光照排引发了中国印刷技术的第二次革命。

所谓激光照排，实际上是电子排版系统的大众化简称。

激光照排是将文字通过计算机分解为点阵，然后控制激光在感光底片上扫描，用曝光点的点阵组成文字和图像。现在我国已广泛应用的汉字排版技术就采用了激光照排，它比古老的铅字排版工效至少提高 5 倍。

电子排版系统分为硬件与软件两大块。硬件中包括：扫描仪、电子计算机、照排控制机、激光印字机（或激光照排机）。软件的种类就比较多了，根据工作目的可分别选取，例如书版组版软件、绘图软件等。这两大块有机地结合在一起，成为不可分割的电子排版系统。

电子排版系统是怎样进行工作的呢？首先要将文件输入到电子计算机中，即借助编辑录入软件，将文字通过计算机键盘输入计算机，这个过程叫作录入。第二步是要借助于排版软件，将已录入的文字进行排版，这里将要用许多排版指令来确定整个文件的全貌，如标题的设置、字体字号的选择、尺寸大小、行间距离等，这个过程叫作排版。第三步是通过显示软件，在计算机屏幕上将排好版的文件显示出来，这时，编辑人员可直接对其进行校对修改。如果需要多人对此文件进行校对，也可通过打印软件，利用打印机或激光印字机将文件打印出来。第四步是将准确无误的文件，通过照排软件负责将其传送到照排控制机，最后在激光印字机上输出。至此为止，可以说电子照排系统所担负的工作就全部完成了。下一步将通过晒版、上版、胶印等一系列印刷工艺流程将文件转化成精美的书刊或报纸。

拓展阅读

印刷术

印刷术是中国古代四大发明之一。它开始于隋朝的雕版印刷，经宋仁宗时代的毕昇发展、完善，产生了活字印刷，并由蒙古人传至了欧洲，所以后人称毕昇为印刷术的始祖。中国的印刷术是人类近代文明的先导，为知识的广泛传播、交流创造了条件。印刷术先后传到朝鲜、日本、中亚、西亚和欧洲。

在实际应用中，电子排版系统还可以进行广告设计、封面设计，直接出四色片进行彩色印刷等，当然，这需要再增加一些必要的外置设备，利用电子排版系统进行广告或封面设计，其效果是人力所不及的。首先它具备十分庞大的资料库，可随你所需选取任意材料进行加工处理；其次是设计手段丰富，可采用柔焦、淡化、变形、移位等各种各样的手段来营造不同的氛围或效果，令人叹为观止。我国的电子排版系统发展速度相当快，已经具备和出版大国相抗衡的能力，其前景是十分光明的。

现代社会中，信息的作用越来越重要。谁掌握的信息越迅速、越准确、越丰富，谁也就更加掌握了主动权，也就有更多成功的机会。因此在信息传播中，加快印刷速度，缩短出版周期也就有了相当重要的意义。现在已经得到广泛应用的激光照排技术就是一项重大的革命。

➡️ 无线激光笔

　　教师、培训人员、演讲人员在做教学演示和项目演示时，都碰到这样的尴尬，需要一边操作电脑一边讲解，行动上受到限制，很不方便。如何让使用者在教学演示时彻底解放出来，真正实现"走到哪里，讲到哪里，讲到哪里，指到哪里"呢？无线激光笔让使用者在教学、演示时最大限度地发挥肢体语言的优势，让教学、演讲更生动，更完美，彻底解决以往在课堂和会议上使用鼠标的不便。

知识小链接

USB 接口

　　USB 是一个外部总线标准，用于规范电脑与外部设备的连接和通信。USB 接口支持设备的即插即用和热插拔功能。USB 接口可用于连接多达 127 种外部设备，如鼠标、调制解调器和键盘等。USB 是在 1994 年底由英特尔、康柏、IBM、微软等多家公司联合提出的，自 1996 年推出后，已成功替代串口和并口，并成为当今个人电脑和大量智能设备的必配的接口之一。

　　无线激光笔又称为电子教鞭，它是专门为计算机及多媒体投影机设计的一款新型专利电子产品，在欧美等发达国家的使用已经很普遍了；它除了具备传统激光教鞭的映射功能外，还可以通过简单地按动激光笔上的上、下翻页按钮，以无线方式直接远程遥控电脑或多媒体投影设备实现电子文档的自由翻页和随意演示。

　　无线激光笔由一个 RF 射频遥控器和一个接收器（USB 接口）组成。RF 射频遥控器内嵌有无线 RF 射频发射器，在使用时只须将接收器插入电脑主机的 USB 接口，无须安装驱动即可正常工作。使用者只须点击 RF 射频遥控器

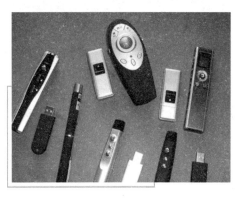

无线激光笔

的相关功能键便可操纵接收器，并且发射器不用对准接收器真正体现无线自由。无线激光笔可以把人们从电脑旁边彻底解放出来，使用者不必一直守在计算机旁边。当人们在电子教学、文稿演示和报告演讲的时候，对于重点内容需要备注说明时，只需用手轻轻一按红色激光点就可以映射在需要强调的文档内容屏幕上；再也不用人们每次讲解重点内容时向听众"指手画脚"或走到投影屏幕前与其"亲密接触"的辛苦了；同时人们也只需轻轻一按相关功能按钮就可以将电子文稿翻向要讲演的页面，上下左右360°无拘无束。无论在教室、演讲厅的哪个角落，还是在会议室的后面和听讲人做现场互动，只需轻轻一按无线激光笔上的上、下翻页键，想要的画面就会自动出现在屏幕上；再也不需要您永久静坐在讲台前操作电脑，同时也省去了走回讲台更换页面的辛苦，真正体现无线点击，获得无限精彩！

　　无线激光笔内置激光笔，同时带有相关遥控功能按钮。按动无线激光笔上的上、下翻页按钮等同于按下计算机键盘上的 Pageup、Pagedown 键。USB 接口，即插即用，功能实用，操作简单，使用方便。发射器采用人体工学设计，适合长时间使用。接收器美观小巧，节省空间。无线激光笔采用最先进的 RF 射频设计，微功率发射，对人体无损害，绿色、健康、环保。

　　无线激光笔是广大教师、培训师、专家、学者、教授、演讲人员及移动商务人士的贴心好助手。无线激光笔可广泛在学校、科研院所、政府机构、智力密集型企业、培训中心、医院、酒店、展览、投标、商务交流等场合使用，同时无线激光笔也是投影机等设备的必备附件之一。

　　目前的无线激光笔大多数是红色，绿色和蓝色的比较少，而且贵。

　　红色的无线激光笔比较容易做，波长大约为 600 纳米，有成熟的技术，还有成熟的半导体工艺材料。而绿色的无线激光笔波长大约为 530 纳米，目前这个波段的半导体激光技术不是很成熟，所以，绿色无线激光笔价格贵，功率低。

◆▷ 现代化烹调灶具——微波炉

◆（◎ 简　介）

微波炉，顾名思义，就是用微波来煮饭烧菜的。微波炉是一种用微波加热食品的现代化烹调灶具。微波是一种电磁波。这种电磁波的能量不仅比通常的无线电波大得多，而且还很有"个性"，微波一碰到金属就发生反射，金属根本没有办法吸收或传导它；微波可以穿过玻璃、陶瓷、塑料等绝缘材料，但不会消耗能量；而含有水分的食物，微波不但不能透过，其能量反而会被吸收。

微波是指波长为 1 毫米至 1 米的无线电波，其对应的频率为 300 兆赫到 30000 兆赫。为

拓展思考

无线电波

无线电波是指在自由空间（包括空气和真空）传播的射频频段的电磁波。无线电技术是通过无线电波传播声音或其他信号的技术。无线电技术的原理在于，导体中电流强弱的改变会产生无线电波。利用这一现象，通过调制可将信息加载于无线电波之上。当无线电波通过空间传播到达收信端，电波引起的电磁场变化又会在导体中产生电流。通过解调将信息从电流变化中提取出来，就达到了信息传递的目的。

了不干扰雷达和其他通信系统，微波炉的工作频率多选用 915 兆赫或 2450 兆赫。

微波炉

微波炉由电源、磁控管、控制电路和烹调腔等部分组成。电源向磁控管提供大约 4000 伏的高压，磁控管在电源激励下，连续产生微波，再经过波导系统，耦合到烹调腔内。在烹调腔的进口处附近，有一个可旋转的搅拌器，因为搅拌器是风扇状的金属，旋转起来以后对微波具有各个方向的反射，所以能够把微波能量均匀地分布在烹调腔内。微波炉的功率范围一般为 500～1000 瓦。从而加热食物。

◎ 基本构造

微波炉的基本构造主要有 7 个部分。①门安全联锁开关——确保炉门打开，微波炉不能工作；炉门关上，微波炉才能工作。②视屏窗——有金属屏蔽层，可透过网孔观察食物的烹饪情况。③通风口——确保烹饪时通风良好。④转盘支承——带动玻璃转盘转动。⑤玻璃转盘——装好食物的容器放在转盘上，加热时转盘转动，使食物烹饪均匀。⑥控制板——控制各档烹饪。⑦炉门开关——按此开关，炉门打开。

注：最新生产的微波炉多为平板内腔，没有④⑤；炉门开关有的是按钮式的，有的是拉开式的。

◎ 微波加热原理

微波加热的原理简单说来是：当微波辐射到食品上时，食品中总是含有一定量的水分，而水是由极性分子（分子的正负电荷中心，即使在外电场不存在时也是不重合的）组成的，这种极性分子的取向将随微波场而变动。由于食品中水的极性分子的这种运动，以及相邻分子间的相互作用，产生了类似摩擦的现象，使水温升高，因此，食品的温度也就上升了。用微波加热的食品，因其内部也同时被加热，使整个物体受热均匀，升温速度也快。它以每秒 24.5 亿次的频率，深入食物 5 厘米进行加热，加速分子运转。

◎ 微波炉的发明

微波炉的发明者是美国的斯本塞。斯本塞于 1921 年生于美国亚特兰大城。1939 年，他参加了海军，半年后因伤而退役，进入美国潜艇信号公司工作，开始接触各类电器，稍后又进入专门制造电子管的雷声公司。由于工作出色，1940 年，他由检验员晋升为新型电子管的生产技术负责人。天才加勤奋的结果，他先后完成了一系列重大发明，令许多老科学家刮目相看。其时，英国科学家们正在积极从事军用雷达微波能源的研究工作。伯明翰大学两位教授设计出一种能够高效产生大功率微波能的磁控管。但当时英德处于决战阶段，德国飞机对英伦三岛狂轰滥炸。因此，这种新产品无法在国内生产，只好寻求与美国合作。1940 年 9 月，英国科学家带着磁控管样品访问美国雷声公司时，与才华横溢的斯本塞一见如故，相见恨晚。在他的努力下，英国和雷声公司共同研究制造的磁控管获得成功。几个星期后，一台简易的炉子制成了。斯本塞用姜饼做试验。他先把姜饼切成片，然后放在炉内烹饪。在烹饪时他屡次变化磁控管的功率以选择最适宜的温度。经过若干次试验，食品的香味飘满了整个房间。1947 年，雷声公司推出了第一台家用微波炉。可是这种微波炉成本太高，寿命太短，从而影响了微波炉的推广。1965 年，乔治·福斯特对微波炉进行大胆改造，与斯本塞一起设计了一种耐用和价格低廉的微波炉。1967 年，微波炉新闻发布会兼展销会在芝加哥举行，获得了巨大成功。从此，微波炉逐渐走入了千家万户。由于用微波炉烹饪食物又快又方便，不仅味美，而且有特色，因此有人诙谐地称之为"妇女的解放者"。

激光美容技术

有很多人都很奇怪，为什么一些人那么大岁数了，却还能拥有着美丽的容颜，难道她们有什么灵丹妙药吗？好的化妆品和良好的修颧骨整形手术固然有一定效果，但最重要的还是除皱美容秘方——美容术的功劳。现代的医疗科技使人们进行美容有了较多的选择方式，如组织充填等。但是目前应用最普遍且安全性最高的还要数激光除皱美容。

1963 年，戈德曼开始将红宝石激光应用于良性皮肤损害和文身治疗并取得成功，开创了激光医学应用的先河。

20 世纪 80 年代，相继出现了铒激光、准分子激光以及不断完善的二氧化碳激光和

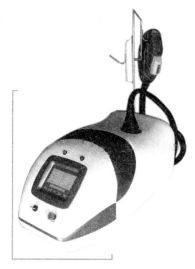

激光美容仪

脉冲染料激光，激光新技术已经比较成熟地用于研究，诊治疾病和皮肤美容治疗，并且已经形成一支庞大的专业化队伍，这是激光医学学科形成的重要标志之一。

20 世纪 90 年代起，随着科学的进步和激光技术的发展，医用激光器朝着高性能、智能化、微型化及专科化方向发展。

趣味点击　　激光美容

激光美容是近年来兴起的一种新的美容法。此法可以消除面部皱纹，用适量的激光照射使皮肤变得细嫩、光滑，如治疗痤疮、黑痣、老年斑等。由于无痛苦且安全可靠，激光美容受到了人们的广泛欢迎。

20世纪90年代中后期，美国、以色列、英国、德国的先进成套的激光美容仪迅速涌进国内，并趋向普及，一些国产的激光美容仪在国内也得到了越来越多的应用。

发展至今，激光美容已经在整个激光治疗中独占鳌头，其前景不断被看好。现代激光美容已成为当代医学美容中最具有魅力和远大前途的部分。激光美容的特点表述如下：

1. 激光在美容界的用途越来越广泛。激光是通过产生高能量，聚焦精确，具有一定穿透力的单色光，作用于人体组织而在局部产生高热量从而达到去除或破坏目标组织的目的，各种不同波长的脉冲激光可治疗各种血管性皮肤病及色素沉着，如太田痣、鲜红斑痣、雀斑、老年斑、毛细血管扩张等，以及去文身、洗眼线、洗眉、治疗瘢痕等。而近年来一些新型的激光仪，高能超脉冲二氧化碳激光，铒激光进行除皱、磨皮换肤、治疗打鼾、美白牙齿等，取得了良好的疗效，为激光外科开辟越来越广阔的领域。

2. 激光手术有传统手术无法比拟的优越性。首先激光手术不需要住院治疗，手术切口小，术中不出血，创伤轻，无瘢痕。例如：眼袋治疗的传统手术法存在着由于剥离范围广、术中出血多，术后愈合慢，易形成瘢痕等缺点，而应用高能超脉冲二氧化碳激光仪治疗眼袋，则以它术中不出血，无须缝合，不影响正常工作，手术部位水肿轻，恢复快，无瘢痕等优点，令传统手术无法比拟。一些由于出血多而无法进行的内窥镜手术，则可由激光切割代替完成。

拓展阅读

激光手术

激光手术指用二氧化碳发光管射出高功率光线作用于病理组织，能使炎症吸收破坏肿瘤，低功率可以祛斑美化皮肤。激光手术有准分子激光角膜表面切削术、准分子激光原位角膜磨镶术、准分子激光上皮下原位角膜磨镶术。

3. 激光在血管性皮肤病以及色素沉着的治疗中成效卓越。使用脉冲染料激光治疗鲜红斑痣，疗效显著，对周围组织损伤小，几乎不落疤。它的出现，成为鲜红斑痣治疗史上的一次革命。因为在鲜红斑痣治疗史上，放射、冷冻、电灼、手术等方法，其瘢痕发生率均高，并常出现色素脱失或沉着。激光治疗血管性皮肤病是利用含氧血红蛋白对一定波长的激光选择性的吸收，而导致血管组织的高度破坏，其具有高度精确性与安全性，不会影响周围邻近组织。因此，激光治疗毛细血管扩张也是疗效显著。

激光美容以其简便快捷的治疗，安全精确的疗效在医学美容界创造了一个又一个奇迹。激光美容使得医学美容向前迈进了一大步，并且赋于医学美容更新的内涵。

自动化技术领域

　　自动化技术是一门综合性技术，它和控制论、信息论、系统工程、计算机技术、电子学、液压与气压技术、自动控制等都有着十分密切的关系，而其中又以控制理论和计算机技术对自动化技术的影响最大。

　　本章重点地向您介绍自动化技术的领域，希望通过本章能够让您了解更多的自动化技术知识，也能够让您感受到世界在不断进步的步伐！

高新技术的基础——电脑技术

有人说计算机的产生是由于战争的需要，我们认为它产生的根本动力是人们为创造更多的物质财富，是为了把人的大脑延伸，让人的潜力得到更大的发展。正如汽车的发明是使人的双腿延伸一样，计算机的发明事实上是对人脑智力的继承和延伸。它是一种能进行科学计算的机器，因此称之为计算机。它一诞生，就立即成了先进生产力的代表，掀开自工业革命后的又一场新的科学技术革命。

"埃尼阿克"

1946 年 2 月 15 日，世界上第一台通用电子数字计算机"埃尼阿克"（ENIAC）宣告研制成功。"埃尼阿克"的成功，是计算机发展史上的一座纪念碑，是人类在发展计算技术的历程中，到达的一个新的起点。"埃尼阿克"计算机的最初设计方案，是由一位 36 岁的美国工程师于 1943 年提出的，其主要任务是分析炮弹轨道。但它的体积庞大，占地面积 500 多平方米，重量约 30 吨，消耗近 100 千瓦的电力。显然，这样的计算机成本很高，使用不便。1956 年，晶体管电子计算机诞生了，这是第二代电子计算机。只要几个大一点的柜子就可将它容下，运算速度也大大地提高了。1964 年出现了第三代集成电路计算机。与第二代相比，它体积更小、价格更低、可靠性更高、计算速度更快。

从 20 世纪 70 年代开始，这是电脑发展的最新阶段。到 1976 年，由大规模集成电路和超大规模集成电路制成的"克雷"1 号，使电脑进入了第四代。超大规模集成电路的发明，使电子计算机不断向着小型化、微型化、低功耗、智能化、系统化的方向更新换代。

20 世纪 90 年代，电脑向智能方向发展，制造出与人脑相似的电脑，可以进行思维、学习、记忆、网络通信等工作。国际互联网演变成了一个文字、图像、声音、动画、影片等多种媒体交相辉映的新世界，更以前所未有的速度席卷了全世界。

基本小知识

动　画

　　动画是一种综合艺术门类，是工业社会人类寻求精神解脱的产物。它是集合了绘画、漫画、电影、数字媒体、摄影、音乐、文学等众多艺术门类于一身的艺术表现形式。

进入 21 世纪，电脑更是笔记本化、微型化和专业化，每秒运算速度超过 100 万次，不但操作简易、价格便宜，而且可以代替人们的部分脑力劳动，甚至在某些方面扩展了人的智能。

家用笔记本电脑

一般电脑可以分为两部分：软件部分和硬件部分。

软件部分包括：操作系统、应用软件等。

硬件部分包括：机箱（电源、硬盘、磁盘内存、主板、中央处理器、光驱、声卡、网卡、显卡）、显示器、键盘、鼠标等（另可配有耳机、音箱、打印机等）。目前家用电脑一般主板都有板载声卡、网卡，部分主板集成显卡。

计算机可分为模拟计算机和数字计算机两大类。

模拟计算机的主要特点是：参与运算的数值由不间断的连续量表示，其运算过程是连续的，模拟计算机由于受元器件质量影响，其计算精度较低，应用范围较窄，目前已很少生产。

网卡功能简述

网卡是工作在数据链路层的网络组件，是局域网中连接计算机和传输介质的接口，不仅能实现与局域网传输介质之间的物理连接和电信号匹配，还涉及帧的发送与接收、帧的封装与拆封、介质访问控制、数据的编码与解码以及数据缓存的功能等。

数字计算机的主要特点是：参与运算的数值用断续的数字量表示，数字计算机由于具有逻辑判断等功能，是以近似人类大脑的"思维"方式进行工作。

数字计算机按用途又可分为专用计算机和通用计算机。

专用与通用计算机在其效率、速度、配置、结构复杂程度、造价和适应性等方面是有区别的。

专用计算机针对某类问题能显示出最有效、最快速和最经济的特性，但它的适应性较差，不适于其他方面的应用。在导弹和火箭上使用的计算机很大部分就是专用计算机。这些东西就是再先进，你也不能用它来玩游戏。

通用计算机适应性很强，应用面很广，但其运行效率、速度和经济性依据不同的应用对象会受到不同程度的影响。通用计算机按其规模、速度和功能等又可分为巨型机、大型机、中型机、小型机、微型机及单片机。这些类型之间的基本区别通常在于其体积大小、结构复杂程度、功率消耗、性能指标、数据存储容量、指令系统和设备、软件配置等的不同。一般来说，巨型机的运算速度很高，可达每秒执行几亿条指令，数据存储容量很大，规模大，结构复杂，价格昂贵，主要用于大型科学计算。它也是衡量一国科学实力的重要标志之一。

从 ENIAC 揭开计算机时代的序幕，到通用自动计算机（UNIVAC）成为迎来计算机时代的宠儿，不难看出这里发生了两个根本性的变化：一是计算机已从实验室大步走向社会，其应用日益深入到社会的各个领域，如管理、办公自动化等，正式成为商品交付客户使用；二是计算机已从单纯的军事用途进入公众的数据处理领域，真正引起了社会的强烈反响。

科学家预测，再往后还将出现超导计算机和生物计算机，届时人类社会的信息化进程又将出现质的飞跃。

◑ 方寸芯片创奇迹

芯片，准确地说是指内含集成电路的硅片，体积很小，常常是计算机或其他设备的一部分。它是微电子技术的主要产品。所谓微电子是相对"强电""弱电"等概念而言，指它处理的电子信号极其微小，它是现代信息技术的基础。计算机芯片是一种用硅材料制成的薄片，其大小仅有手指甲的一半。一个芯片是由几百个微电路连接在一起的，体积很小，在芯片上布满了产生脉冲电流的微电路。计算机芯片利用这些微电流，就能够完成控制计算机、自动化装置和其他各种设备所需要的操作。计算机芯片内的电路很小，它使用的电流也很小，所以，也称芯片为微电子器件。微型计算机中的主要芯片有微处理芯片、接口芯片、存储器芯片。

芯片应用于计算机技术是最为常见的。如果把中央处理器比喻为整个电脑系统的心脏，那么主板上的芯片组就是整个身体的躯干。对于主板而言，芯片组几乎决定了这块主板的功能，进而影响到整个电脑系统性能的发挥，芯片组是主板的灵魂。

芯 片

目前芯片组正向更高级的加速集线架构发展，英特尔的 8xx 系列芯片组就是这类芯片组的代表，它将一些子系统如 IDE 接口、音效、调制解调器和 USB 直接接入主芯片，能够提供比 PCI 总线宽一倍的带宽，达到了 266 兆字节每秒。

此外芯片技术已经开展和将要开展的应用领域非常的广泛。生物芯片的第一个应用领域是检测基因表达。将生物分子有序地放在芯片上检测生化标本的策略具有广泛的应用领域，除了基因表达分析外，杂交为基础的分析已用于基因突变的检测、多态性分析、基因作图、进化研究和其他方面的应用，微阵列分析还可用于检测蛋白质与核酸、小分子物质及与其他蛋白质的结合，但这些领域的应用仍待发展。

◆ 完美复制——静电复印纸

在日常工作中复印纸的使用频率最高，复印纸的优劣将直接影响工作效率的快慢和文本的美观。复印纸还会激起工作人员的烦躁情绪，如何购得称心如意的办公用纸，就得了解复印纸的基本性能和相关知识。

目前，办公用纸的级别可分为三级：一级用纸应用于企业对外文件；二级用纸应用于大批量的对外复印文件；三级用纸一般用于企业内部使用，要求不需太高的文本。

一级用纸的性能：一级用纸的原材料均采用100%纯木浆，无腐蚀性，不会产生纸粉，手感柔软，不论如何使用也不会磨损打印墨头。在静电方面，一级用纸也做了静电处理，不会出现多张送纸现象。它的含水量为4.5% ~ 5.5%。

二级用纸的性能：二级用纸无腐蚀性，填料较为柔软，不产生纸粉，静电处理一般，很少产生卡纸现象，正常使用中不会出现复印不清晰，起皱、翘起等现象。二级用纸比一级用纸的白度偏低，手感略薄，属经济适用型。

三级用纸的性能：它适用于打印机打印，复印时会出现卡纸现象，容易出现打印字迹发阴现象，不易长时间立放，容易走形。在日常工作中一般用于打印草稿使用。

静电彩色复印纸

复印机

基本小知识

复印机属模拟方式，只能如实进行文献的复印。今后复印机将向数字式复印机方向发展，使图像的存储、传输以及编辑排版（图像合成、信息追加或删减、局部放大或缩小、改错）等成为可能。它可以通过接口与计算机、文字处理机和其他微处理机相连，成为地区网络的重要组成部分。多功能化、彩色化、廉价和小型化、高速仍然是复印机的重要发展方向。

现在的复印机的性能都有很大的提升，基本上能适应各种高中低档的纸张，复印时不太会出现卡纸现象。静电复印纸是众多复印纸中较特别的一种。它是以木浆为主要原料制成的纸，厚度 $50 \sim 90$ 克/米^2，含水量 $(5 \pm 0.5)\%$，供静电复印用，常见的为氧化锌静电复印纸。使用静电复印纸时，在暗室先电晕充电，使纸面带负电荷，再按照相原理曝光，形成静电潜像，最后通过带正电的碳粉在纸上直接显影定影，获得永久性正像。

👁️▶ 人机对话的语言——条形码

1992 年 2 月，美国前总统乔治·布什获赠一个用于超级市场的条形码扫描器。据说，乔治·布什当时说了句："这东西真是奇特！"但是请注意，令乔治·布什感到惊叹不已的并不是这种早在1974年就已经问世的扫描技术。他感叹的是当时他手中拿的那种新式扫描器居然能够扫描被撕成7张碎片的条形码。

条形码技术最早产生于20世纪20年代，诞生在威斯汀豪斯的实验室里。一位名叫约翰·科芒德的性格古怪的发明家"异想天开"地想对邮政单据实现自动分拣，那时候对电子技术应用方面的每一个设想都使人感到非常新奇。

通用条形码图

他的想法是在信封上做条码标记，条码中的信息是收信人的地址，就像今天的邮政编码。为此约翰·科芒德发明了最早的条码标志，设计方案非常的简单（注：这种方法称为模块比较法），即一个"条"表示数字"1"，二个"条"表示数字"2"，以此类推。然后，他又发明了由基本的元件组成的条码识读设备：一个扫描器（能够发射光并接收反射光）；一个测定反射信号"条"和"空"的方法，即译码器。

约翰·科芒德的扫描器利用当时新发明的光电池来收集反射光。"空"反射回来的是强信号，"条"反射回来的是弱信号。与当今高速度的电子元器件应用不同的是，约翰·科芒德利用磁性线圈来测定"条"和"空"。约翰·科芒德用一个带铁芯的线圈在接收到"空"的信号的时候吸引一个开关，在接收到"条"的信号的时候，释放开关并接通电路。因此，最早的条码阅读器噪声很大。开关由一系列的继电器控制，"开"和"关"由打印在信封上"条"的数量决定。通过这种方法，条码符号直接对信件进行分拣。

此后不久，约翰·科芒德的合作者道格拉斯·扬，在约翰·科芒德码的基础上做了些改进。约翰·科芒德码所包含的信息量相当的低，并且很难编出10个以上的不同代码。而道格拉斯·扬码使用更少的"条"，但是利用

"条"之间"空"的尺寸变化，就像今天的 UPC 条码符号使用四个不同的"条""空"尺寸。新的条码符号可在同样大小的空间对 100 个不同的地区进行编码，而约翰·科芒德码只能对 10 个不同的地区进行编码。

直到 1949 年的专利文献中才第一次有了诺姆·伍德兰和伯纳德·西尔沃发明的全方位条形码符号的记载，在这之前的专利文献中始终没有条形码技术的记录，也没有投入实际应用的先例。诺姆·伍德兰和伯纳德·西尔沃的想法是利用约翰·科芒德和道格拉斯·扬的垂直的"条"和"空"，并使之弯曲成环状，非常像射箭的靶子。这样扫描器通过扫描图形的中心，能够对条形码符号解码，不管条形码符号方向的朝向。

在利用这项专利技术对其进行不断改进的过程中，一位科幻小说作家艾萨克·阿西莫夫在他的《赤裸的太阳》一书中讲述了使用信息编码的新方法实现自动识别的事例。那时人们觉得此书中的条形码符号看上去像是一个方格子的棋盘，但是今天的条形码专业人士马上会意识到这是一个二维矩阵条形码符号。虽然此条形码符号没有方向、定位和定时，但很显然它表示的是高信息密度的数字编码。

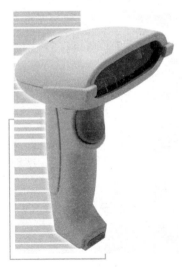

条形码扫描器

直到 1970 年美国一家公司开发出二维码之后，才有了价格适于销售的二维矩阵条形码的打印和识读设备。那时二维矩阵条形码用于报社排版过程的自动化，二维矩阵条形码印在纸带上，由今天的一维 CCD 扫描器扫描识读。CCD 扫描器发出的光照在纸带上，每个光电池对准纸带的不同区域。每个光电池根据纸带上印刷条形码与否输出不同的图案，组合产生一个含有高密度信息的图案。用这种方法可在相同大小的空间打印上一个单一的字符，作为早期约翰·科芒德码之中的一个单一的"条"。定时信息也包括在内，所以整个过程是合理的。当第一个系统进入市场后，包括打印和识读设备在内的全套设备大约要5000美元。

此后不久，随着LED（发光二极管）、微处理器和激光二极管的不断发展，迎来了新的标志符号（象征学）和其应用的大爆炸，人们称之为"条码工业"。今天很少能找到没有直接接触过既快又准的条形码技术的公司或个人。由于在这一领域的技术进步与发展非常迅速，并且每天都有越来越多的应用领域被开发，用不了多久条形码就会像灯泡一样普及，将会使我们每一个人的生活都变得更加轻松和方便。

◎ 条形码的优越性

条形码有以下优越性：

1. 可靠性强。条形码的读取准确率远远超过人工记录，平均每15000个字符才会出现一个错误。

2. 效率高。条形码的读取速度很快，相当于每秒40个字符。

3. 成本低。与其他自动化识别技术相比较，条形码技术仅仅需要一小张贴纸和构造相对简单的光学扫描仪，成本相当低廉。

4. 易于制作。条形码的编写很简单，制作也仅仅需要印刷，被称为"可印刷的计算机语言"。

5. 易于操作。条形码识别设备的构造简单，使用方便。

6. 灵活实用。条形码符号可以用键盘输入，也可以和有关设备组成识别系统实现自动化识别，还可和其他控制设备联系起来，实现整个系统的自动化管理。

➡ 现代通信技术

19世纪上半叶科学技术的发展，有力地推动了军事通信技术的进步，突出地表现在电报的运用和电话的发明上。

　　19 世纪 30 年代，欧洲和美洲先后出现了商用电报机。在这方面有代表性的发明家是英国的高斯、韦伯和美国的莫尔斯。1833 年，高斯和韦伯制作出第一个可供实用的电磁指针电报机。此后不久，另一个年轻的英国人库克和伦敦高等学院的教授惠斯登发明了新型电报机，并取得第一个专利。1837 年，美国人莫尔斯的发明，把电报技术向前大大推进了一步。他用一套点、划符号代表字母和数字（即莫尔斯电码），并设计了一套线路，发报端是一个电键，该电键把以长短电流脉冲形式出现的电码馈入导线，在接收端电流脉冲激励电报装置中的电磁铁，使笔尖在不断移动的纸带上记录下电码。经过不断改进，这套电报系统于 1844 年达到实用阶段，在巴尔的摩和华盛顿之间首次建立了电报联系。

　　由于战争比人类任何其他活动都更加依赖于当时最有效的通信手段，因此电报一经出现，便立即引起了军界的关注。1854 年，英军第一次在战争中采用了电报。

　　由于电报在收发时需要转译电码，人们嫌它迟缓不便，于是便进一步寻求更便捷的通信方式，电话也就应运而生。英国的胡克首先提出在远距离上传输语音的建议。1837 年，美国医生佩奇发现，当铁的磁性迅速改变时，会发出一种音乐般的悦耳声音，这种声音的响度随磁性变化的频率而改变。他把这种声音称作"电流音乐"。大约在 1860 年，德国的赖斯第一次将一曲旋律用电发送了一段距离，他把这个装置叫作电话，这个名称于是沿用下来。直到 1876 年，美国的贝尔终于发明了第一台电话机。电话及此前发明的电报的运用，使军事通信产生了革命性的变革。

　　人类历史经历了农业社会、工业社会，正逐步进入信息社会。信息是无时无处不存在的。在日常生活中，我们从电视或收音机里收视或收听的天气预报就是信息。当人们了解到天气变化时，就可以决定穿衣多少或者是否携带雨具。至于在经济、政治、军事等活动中，信息就更为重要了。

　　通信是为信息服务的，通信技术的任务就是要高速度、高质量、准确、及时、安全可靠地传递和交换各种形式的信息。随着社会的发展，人们对信息传递和交换的要求越来越高，通信技术得到了迅猛的发展。

现代通信技术的进步，主要表现在数字程控交换技术、光纤通信、卫星通信、移动通信等方面，而覆盖全球的个人通信则是通信技术的发展方向。

◎ 数字程控交换技术

世界上第一台程控交换机是 1965 年由美国贝尔电话公司制造的。程控交换机最突出的优点是：改变系统的操作时，无须改动交换设备，只要改变程序的指令就可以了，这使交换系统具有很大的灵活性，便于开发新的通信业务，为用户提供多种服务项目，如电话网中传输数据等。

在通信网中传输或交换的信号有两类：模拟信号和数字信号，相应的传输或交换方式分别称为模拟信号方式和数字信号方式。

模拟信号是连续的，模拟信号方式简单易行，但是模拟化的声音信号经过长距离的传输以后，会受各种干扰的影响，声音的质量较差，甚至发生失真等问题。

数字信号是不连续的。如果打电话的人说话的模拟信号传到交换机以后，交换机并不急于交换到被叫者，而是先将这个模拟信号通过编码器转变成一系列的"0"和"1"，这种由"0"和"1"组成的信号被称为数字信号。这样，人的声音由我们平时能听到的模拟信号转变成为一种人听不懂，只有计算机才能听懂的声音了。交换机在完成取样编码后，再将数字信号传输出去，最后数字信号经解码器再转变为模拟信号，被受话人接收。信号数字化的最大优点是抗干扰能力强。

◎ 光纤通信

光纤是光导纤维的简称，它是一种传播光波的线路。利用光纤中传播的光波作载波传递信息的通信方式就叫光纤通信。光纤被称为信息传输的"超高速公路"。

光纤通信最大的优点是通信容量大，损耗低。英国华裔科学家高锟在1966年从理论上论证了光纤作为光通信介质的可能性，被尊称为"光纤通信之父"。

◎ 卫星通信

卫星通信以微波为载波。微波是指波长为1毫米～1米或频率为300兆赫～300吉赫范围内的电磁波。它是直线传播的。卫星通信有许多优点：第一，通信距离远；第二，通信不受地理条件（如山河海洋阻隔）的限制，也不受自然灾害或人为事件的影响；第三，通信质量高；第四，通信容量大；第八代国际通信卫星有44个转发器，可同时提供几万路电话线路或转发几十路电视；第五，可提供各种服

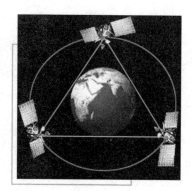

卫星通信

务业务。但卫星通信传输时，在地球两极附近存在卫星通信的"盲区"。

◎ 移动通信

移动通信是移动体之间的通信，或移动体与固定体之间的通信。移动体可以是人、汽车、船只、飞机和卫星。移动通信种类繁多，可分为陆地移动通信、海上移动通信、航空移动通信等。移动通信使人们能够在移动过程中进行通信，以适应现代社会生活节奏快、人员流动性强的需要。

1. 蜂窝移动电话，即大哥大或手机，是20世纪80年代发展起来的一种移动电话。蜂窝移动电话的服务区域（如一个城市），被划分成若干个相邻的正六边形小区。小区的边长为几百米至十几千米，每个小区设有一个无线基站。由于多个六边形小区组合起来的形状酷似蜂窝，因此将这种移动电话系统称为蜂窝移动电话系统，所用的电话称为蜂窝移动电话。

2. 无线寻呼接收机。无线寻呼接收机，即我们常说的"BP"机、"BB"

机、"Call"机。它是无线寻呼系统的终端设备。无线寻呼系统是一种单向的移动通信系统。

3. 第二代无绳电话。无绳电话是指手机（送话器和受话器）与主机（电话机的基座）之间不用物理连线的一种电话机。手机与主机之间的连线被各自配备的小功率无线电发射机所取代，而主机仍是通过电话线与电话网的交换机相连。

4. 移动卫星通信。利用通信卫星作为中继站，可以实现固定通信，也可以实现移动通信。移动卫星系统按应用领域可分为：海事移动卫星系统（MMSS）、航空移动卫星系统（AMSS）和陆地移动卫星系统（LMSS）。

通信技术在 20 世纪得到飞速发展，21 世纪的通信技术将向着宽带化、智能化、个人化的综合业务数字网技术的方向发展。

数字图书馆

所谓数字图书馆，就是一种拥有多媒体、内容丰富的数字化信息资源，能为读者方便快捷地提供信息的服务机构。在数字图书馆里，几乎所有载体的信息均能以数字化的形式存在。信息已经数字化，众多的图书不再是散布于世界各地独立的图书馆中，而是流通在全球信息网络上，或是通过磁盘、光盘等介质永久性存储，这样就使信息资源得以更安全、更丰富、更久远地为人们所利用。虽然它被称为"馆"，但并不占用空间，很大程度上也不受时间的限制，因为它的存在方式是将文字、图像、声音等信息数字化，并通过国际互联网传输，从而做到信息资源全球共享。因此，人们又将它称为"虚拟图书馆""无墙图书馆"。

早在 20 世纪 80 年代末，"电子图书馆"（指操作于信息技术的实际现状）、"虚拟图书馆"（指类似于原来环境的假想环境）就在发达国家引起重视，并实施了该类图书馆的相关工程和项目，取得了很大的成功。进入 20 世纪90年代以后，美国的信息高速公路将图书馆、学校、政府机构、商业机构、家庭乃至个人连接起来，并对所存储的信息资源提供检索和查询，实现了区域性乃至更大范围内的资源共享，由此产生了数字图书馆的雏形。

与此同时，在一些发达国家，如英国、加拿大、日本等国也引起了极大的关注。由于国际互联网的迅猛发展，彻底地改变了传统信息服务的格局，引发了信息采集、加工、传输及获取方式的根本改变，使得从电子图书馆到虚拟图书馆再到数字图书馆便应运而生。

数字图书馆概念一经提出，就得到了世界广泛的关注，纷纷组织力量进行探讨、研究和开发，进行各种模型的试验。随着数字地球概念、技术、应用领域的发展，数字图书馆已成为数字地球家庭的成员，为信息高速公路提供必需的信息资源，是知识经济社会中主要的信息资源载体。

◎ 数字图书馆的特点

信息资源数字化

信息资源数字化是数字图书馆的基础，因为数字图书馆的其他特点都是建立在信息资源数字化的基础之上的，这也是数字图书馆与传统图书馆的最大区别。数字图书馆的本质特征就是利用现代信息技术和网络通信技术，将各类传统介质的文献进行压缩处理并转化为数字信息，以"1"和"0"来组成信息资源的单位，并组成无数个比特和字节的信息元素和单元，通过这种转换将所有信息统一为数字信息。

信息传递网络化

在信息资源数字化的基础上，数字图书馆通过以网络为主的信息基础设施来实现。目前，数字图书馆正在通过由宽带网组成的国际互联网以高速度、海量的计算机和网络系统将全球的图书馆和数以万计的计算机构成一个整体。信息传递网络化的特点也同时带来了跨时空、跨地域、开放性标准、规范化的信息服务，从而使信息的传递达到全方位的信息交互。

信息利用共享化

数字图书馆在实现了信息资源数字化和信息传递的网络化之后，接下来是关于信息利用的共享问题。资源共享可以减少信息资源的重复采购，从而使有限的经费发挥最大的效益，提高知识资源的利用率。信息利用共享化是数字图书馆的一大特点，其共享化的广度与深度都得到了很大的发展，远远超过了传统图书馆在资源共享的利用程度。由于有了数字化与网络化的基础，数字图书馆的信息利用共享化充分体现出了跨行业的资源无限，跨时空的服务无限的特征，同时也体现了跨地域、跨国界的资源共建的协作化与资源共享的便捷性。信息传递的网络化，理论上使全球的图书馆能够借助网络获取全部数字信息，以满足读者对知识信息日益增长的需求，原有的信息壁垒将会逐渐被开放的信息共享所取代。

信息提供的知识化

与传统图书馆的区别是数字图书馆正在实现由文献的提供向知识的提供的转变。数字图书馆将图书、期刊、图像资料、数据库、网页、多媒体资料等各类信息载体与信息来源在知识单元的基础上有机地组织起来，以动态分布式的方式为用户提供服务；而自动标引、元数据、内容检索、不同数据库的互联等知识发现与组织的技术将成为数字图书馆发展的关键技术。数字图

知 识 小 链 接

数据库

数据库是按照数据结构来组织、存储和管理数据的仓库。随着信息技术和市场的发展，特别是20世纪90年代以后，数据管理不再仅仅是存储和管理数据，而转变成用户所需要的各种数据管理的方式。

书馆信息提供的知识化，将会为广大读者提供多种满足不同需要的数据库。由于信息加工的智能化和检索系统的完备性，使数字图书馆能够为读者提供某一主题的各种知识信息。

信息实体虚拟化

数字图书馆使实体图书馆与虚拟图书馆结合在一起，在实体图书馆的基础上趋向虚拟化。在网络环境下，以各类文献为载体的知识信息都可以方便地转化为数字形式，向世界各地传输，从而打破了单个图书馆的界限，使每个图书馆在虚拟化的大环境下成为一个整体的图书馆。

数字图书馆是一门全新的科学技术，也是一项全新的社会事业。简而言之，就是一种拥有多种媒体内容的数字化信息资源，能为用户方便、快捷地提供信息的高水平服务机制。

🔘 神奇的机器人

机器人就是自动执行工作的机器装置。它既可以接受人类指挥，又可以运行预先编制的程序，也可以根据以人工智能技术制定的原则纲领行动。它的任务是协助或取代人类工作的工作，例如生产业、建筑业，或是危险的工作。

1920 年，捷克斯洛伐克作家卡雷尔·恰佩克在他的科幻小说《罗萨姆的机器人万能公司》中，创造出了"机器人"这个词。

1939 年，美国纽约世博会上展出了西屋电气公司制造的家用机器人"Elektro"。它由电缆控制，可以行走，会说 77 个字，甚至可以抽烟，不过离真正干家务活还差得远。但它让人们对家用机器人的憧憬变得更加具体。

1942 年，美国科幻巨匠艾萨克·阿西莫夫提出"机器人三定律"。虽然这只是科幻小说里的创造，但后来成为学术界默认的研发原则。

1948 年，诺伯特·维纳出版《控制论》，阐述了机器中的通信和控制机能与人的神经、感觉机能的共同规律，率先提出以计算机为核心的自动化工厂。

1954 年，美国人乔治·德沃尔制造出世界上第一台可编程的机器人，并注册了专利。这种机械人能按照不同的程序从事不同的工作，因此具有通用性和灵活性。

1956 年，在达特茅斯会议上，马文·明斯基提出了他对智能机器的看法：智能机器"能够创建周围环境的抽象模型，如果遇到问题，能够从抽象模型中寻找解决方法"。这个定义影响到以后 30 年智能机器人的研究方向。

1959 年，德沃尔与美国发明家约瑟夫·英格伯格联手制造出第一台工业机器人。随后，约瑟夫·英格伯格成立了世界上第一家机器人制造工厂——Unimation 公司。由于约瑟夫·英格伯格对工业机器人的研发和宣传，他也被称为"工业机器人之父"。

1962 年，美国 AMF 公司生产出"VERSTRAN"（意思是万能搬运），与 Unimation 公司生产的"Unimate"一样成为真正商业化的工业机器人，并出口到世界各国，掀起了全世界对机器人和机器人研究的热潮。

基本小知识

传感器

传感器是一种物理装置或生物器官，能够探测、感受外界的信号、物理条件（如光、热、湿度等）或化学组成（如烟雾等），并将探知的信息传递给其他装置或器官。

1962—1963 年，传感器的应用提高了机器人的可操作性。人们试着在机器人上安装各种各样的传感器，包括 1961 年恩斯特采用的触觉传感器，托莫维奇和博尼 1962 年在世界上最早的"灵巧手"上用到了压力传感器，而麦卡锡 1963 年则开始在机器人中加入视觉传感系统，并在 1965 年，帮助麻省理工学院推出了世界上第一个带有视觉传感器，能识别并定位积木的机器人系统。

1965 年，约翰·霍普金斯大学应用物理实验室研制出"Beast"机器人。"Beast"已经能通过声呐系统、光电管等装置，根据环境校正自己的位置。20世纪60年代中期开始，美国麻省理工学院、斯坦福大学、英国爱丁堡大学等陆续成立了机器人实验室。美国兴起研究第二代带传感器、"有感觉"的机器人，并向人工智能进发。1968 年，美国斯坦福研究所公布他们研发成功的机器人"Shakey"。它带有视觉传感器，能根据人的指令发现并抓取积木，不过控制它的计算机有一个房间那么大。"Shakey"可以算是世界第一台智能机器人，拉开了第三代机器人研发的序幕。

1969 年，日本早稻田大学加藤一郎实验室研发出第一台以双脚走路的机器人。加藤一郎长期致力于研究仿人机器人，被誉为"仿人机器人之父"。日本专家一向以研发仿人机器人和娱乐机器人的技术见长，后来更进一步，催生出本田公司的"ASIMO"和索尼公司的"QRIO"。

1973 年，世界上第一次机器人和小型计算机携手合作，就诞生了美国 Cincinnati Milacron 公司的机器人"T3"。

1978 年，美国 Unimation 公司推出通用工业机器人"PUMA"，这标志着工业机器人技术已经完全成熟。"PUMA"至今仍然工作在工厂第一线。

1984 年，约瑟夫·英格伯格再推机器人"Helpmate"，这种机器人能在医院里为病人送饭、送药、送邮件。同年，他还预言："我要让机器人擦地板，做饭，出去帮我洗车，检

拓展阅读

索尼公司

索尼公司是一家全球知名的电子产品制造商，为横跨数码、生活用品、娱乐领域的世界巨擘，总部设在日本东京。索尼的前身为东京通信工业株式会社，创立于 1946 年 5 月，由盛田昭夫与井深大共同创办。索尼公司是世界上民用专业视听产品、通信产品和信息技术等领域的先导之一。它在音乐、影视和计算机娱乐运营业务方面的成就，也使其成为全球最大的综合娱乐公司之一。

查安全。"

1998 年，丹麦乐高公司推出机器人套件，让机器人制造变得跟搭积木一样，相对简单又能任意拼装，使机器人开始走入个人世界。

1999 年，日本索尼公司推出犬形机器人"爱宝"，当即销售一空，从此娱乐机器人成为目前机器人迈进普通家庭的途径之一。

2002 年，美国 iRobot 公司推出了吸尘器机器人"Roomba"，它能避开障碍，自动设计行进路线，还能在电量不足时，自动驶向充电座。"Roomba"是目前世界上销量最大、最商业化的家用机器人。

2006 年 6 月，微软公司推出"Microsoft Robotics Studio"，机器人模块化、平台统一化的趋势越来越明显，比尔·盖茨预言，家用机器人很快将席卷全球。

机器人可以说是高级整合控制论、机械电子、计算机、材料和仿生学的产物。目前在工业、医学、农业、建筑业甚至军事等领域中均有重要用途。

现在，国际上对机器人的概念已经逐渐趋近一致。一般说来，人们都可以接受这种说法，即机器人是靠自身动力和控制能力来实现各种功能的一种机器。联合国标准化组织采纳了美国机器人协会给机器人下的定义："一种可编程和多功能的，用来搬运材料、零件、工具的操作机；或是为了执行不同的任务而具有可改变和可编程动作的专门系统。"

机器人能力的评价标准包括：智能，指感觉和感知，包括记忆、运算、比较、鉴别、判断、决策、学习和逻辑推理等；机能，指变通性、通用性或空间占有性等；物理能，指力、速度、连续运行能力、可靠性、联用性、寿命等。因此，可以说机器人是具有生物功能的三维空间坐标机器。机器人智能化程度越来越高，甚至朝神奇的方向发展。

◎ 厨师机器人

这台型号为 SDA10 的机器人是由日本安川电机公司研制的，有着如人类

厨师机器人

一般的灵活性，制作菜肴有了更高的精准度。它的胳膊可以一起或单独活动，可以准确地使用勺子、铲子以及烧烤工具，食物做熟之后可以放到盘子里。而且，它还能正确地使用调味品，有了它，家庭主妇的生活就更舒服、更轻松了。只是，它的活动范围有所限制，离开烤盘就什么也干不了。

这台机器人高 135 厘米，重 220 千克，有 15 个活动关节，两个胳膊上各有 7 个，还有一个在躯干上。这样就保证了机器人有足够大的运动幅度和范围。

◎ 会倒酒的机器人服务生

Asahi 推出了一款服务机器人"Robocco Beerbot"，是专为酒友设计的。

它能在肚子里装上 6 罐啤酒（饮料），能自动打开易拉罐的拉环，将酒有技巧地倒入杯中，不会溢出。

这种机器人的售价只要美金800 元，这个价格在机器人家族中可谓是非常"平民化"了，不

会倒酒的机器人服务生

过相对它的功能也有点简化，它没有遥控功能，也不会自己移动，所以如果要让它倒酒的话还得走到它身边按下按键才行，而且还要帮它把倒完的空罐拿去丢掉。

知识小链接

啤 酒

啤酒是人类最古老的酒精饮料之一，是水和茶之后世界上消耗量排名第三的饮料。啤酒于20世纪初传入中国，属外来酒种。啤酒是根据英语Beer译成中文"啤"，称其为"啤酒"，沿用至今。啤酒以大麦芽、酒花、水为主要原料，经酵母发酵作用酿制而成的饱含二氧化碳的低酒精度酒。现在国际上的啤酒大部分均添加辅助原料，有的国家规定辅助原料的用量总计不得超过麦芽用量的50%。在德国，除出口啤酒外，德国国内销售的啤酒一概不使用辅助原料。

◎ 移动社交机器人

麻省理工学院媒体试验室研发了一种新型机器人，这个机器人的名字叫"Nexi"，代号MDS，意为可以移动、灵巧和社交。它可以或许最终将能够利用轮子移动，能够捡起物品，但它的最显著特征是类人性，不过是爬行的，脸部可以表达让人惊奇的多种情绪。

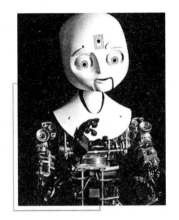

移动社交机器人

人工智能

"人工智能"一词最初是在1956年达特茅斯学会上提出的。从那以后，研究者们发展了众多理论和原理，人工智能的概念也随之扩展。人工智能是一门极富挑战性的科学，从事这项工作的人必须懂得计算机、心理学和哲学等知识。人工智能是十分广泛的科学，它由不同的领域组成，如机器学习、计算机视觉等。总的说来，人工智能研究的一个主要目标是使机器能够胜任一些通常需要人类智能才能完成的复杂工作。但不同的时代、不同的人对这种"复杂工作"的理解是不同的。例如繁重的科学和工程计算本来是要人脑来承担的，现在计算机不但能完成这种计算，而且能够比人脑做得更快、更准确，因此当代人已不再把这种计算看作是"需要人类智能才能完成的复杂任务"，可见复杂工作的定义是随着时代的发展和技术的进步而变化的，人工智能这门科学的具体目标也自然随着时代的变化而发展。它一方面不断获得新的进展，一方面又转向更有意义、更加困难的目标。目前能够用来研究人工智能的主要物质手段以及能够实现人工智能技术的机器就是计算机，人工智能的发展历史是和计算机科学与技术的发展历史联系在一起的。除了计算机科学以外，人工智能还涉及信息论、控制论、自动化、仿生学、生物学、心理学、数理逻辑、语言学、医学和哲学等多门学科。

　　如果希望做出一台能够思考的机器，那就必须知道什么是思考，更进一步讲就是什么是智慧，它的表现是什么，你可以说科学家有智慧，可你绝不会说一个路人什么也不会，没有知识，你同样不敢说一个孩子没有智慧，可对于机器你就不敢说它有智慧了吧，那么智慧是如何分辨的呢？我们说的话，我们做的事情，我们的想法如同泉水一样从大脑中流

趣味点击　心理学

　　心理学是研究人和动物心理现象的发生、发展和活动规律的一门科学。心理学既研究动物的心理（研究动物心理主要是为了深层次地了解、预测人的心理的发生、发展的规律）也研究人的心理，而以人的心理现象为主要研究对象。因此，心理学是研究心理现象和心理规律的一门科学。

出，如此自然，可是机器能够吗，那么什么样的机器才是智慧的呢？科学家已经做出了汽车、火车、飞机、收音机等，它们模仿我们身体器官的功能，

但是能不能模仿人类大脑的功能呢？到目前为止，我们也仅仅知道这个装在我们天灵盖里面的东西是由数十亿个神经细胞组成的器官，我们对这个东西知之甚少，模仿它或许是天下最困难的事情了。

在定义智慧时，英国科学家图灵做出了贡献，如果一台机器能够通过我们称之为图灵实验的实验，那它就是智慧的，图灵实验的本质就是让人在不看外形的情况下不能区别是机器的行为还是人的行为时，这个机器就是智慧的。不要以为图灵只作出这一点贡献就会名垂青史，如果你是学计算机的就会知道，对于计算机人士而言，获得图灵奖就等于物理学家获得诺贝尔奖一样，图灵在理论上奠定了计算机产生的基础，没有他的杰出贡献世界上根本不可能有这个东西，更不用说什么网络了。

基本小知识

网　络

网络原指用一个巨大的虚拟画面，把所有东西连接起来，也可以作为动词使用。在计算机领域中，网络就是用物理链路将各个孤立的工作站或主机相连在一起，组成数据链路，从而达到资源共享和通信的目的。凡将地理位置不同，并具有独立功能的多个计算机系统通过通信设备和线路而连接起来，且以功能完善的网络软件实现网络资源共享的系统，可称为计算机网络。

科学家早在计算机出现之前就已经希望能够制造出可以模拟人类思维的机器了，在这方面须提到另外一位杰出的数学家兼哲学家布尔，通过对人类思维进行数学化精确地刻画，他和其他杰出的科学家一起奠定了智慧机器的思维结构与方法，今天的计算机内使用的逻辑基础正是他所创立的。

现在人类已经把计算机的计算能力提高到了前所未有的地步，而人工智能也将在未来领导计算机的发展，现在人工智能的发展因为受到理论上的限制不是很明显，但它必将像今天的网络一样影响着我们的生活。

世界各地对人工智能的研究很早就开始了，但对人工智能的真正实现要从计算机的诞生开始算起，这时人类才有可能以机器实现人类的智能。人工智能的进展并不像我们期待的那样迅速，因为人工智能的基本理论还不完整，我们还不能从本质上解释我们的大脑为什么能够思考，这种思考来自于什么，这种思考为什么得以产生等一系列问题。但经过这几十年的发展，人工智能正在以它巨大的力量影响着人们的生活。

让我们来回顾一下人工智能的发展。人们在 1949 年发明了可以存储程序的计算机，这使编程变得十分简单，计算机理论的发展终于导致了人工智能理论的产生。人们总算可以找到一个存储信息和自动处理信息的方法了。

1955 年，香农与一些人一起开发了一种采用树形结构的程序，在程序运行时，它在树中搜索，寻找与可能答案最接近的树的分支进行探索，以得到正确的答案。这个程序在人工智能的历史上可以说是有着重要的地位，它在学术上和社会上带来的巨大影响，以至于我们现在所采用的思想方法有许多还是来自于这个 20 世纪 50 年代的程序。

✏️ **知识小链接**

程　序

程序是为实现特定目标或解决特定问题而用计算机语言编写的命令序列的集合。一般分为系统程序和应用程序两大类。

1956 年，作为人工智能领域另一位著名科学家的麦卡希召集了一次会议来讨论人工智能未来的发展方向。从那时起，人工智能的名字才正式确立。这次会议给人工智能的奠基者们提供了一次相互交流的机会，并为未来人工智能的发展起了铺垫的作用。从此以后，人工智能的重点开始变为建立实用的能够自行解决问题的系统，并要求系统有自学能力。在 1957 年，香农和另一些人又开发了一个程序称为 General Problem Solver（GPS），它对诺伯特·维纳的反馈理论进行了扩展，并能够解决一些比较普遍的问题。有位科学家在努力开发系统时，做出了一项重大的贡献，他创建了表处理语言（LISP），

直到现在许多人工智能程序还在使用这种语言，它几乎成了人工智能的代名词，到了今天，LISP 仍然在发展。

1963 年，麻省理工学院受到了美国政府和国防部的支持并进行人工智能的研究，美国政府不是为了别的，而是为了在冷战中保持与前苏联的均衡，虽然这个目的是带点火药味的，但是它的结果却使人工智能得到了巨大的发展。其后发展出的许多程序十分引人注目，麻省理工学院开发出了 SHRDLU。20 世纪 60 年代，STUDENT 系统可以解决代数问题，而 SIR 系统则开始理解简单的英文句子了，SIR 系统的出现导致了新学科的出现：自然语言处理。在 20 世纪 70 年代出现的专家系统是人工智能发展的一个巨大的进步，它头一次让人知道计算机可以代替人类专家进行一些工作了，由于计算机硬件性能的提高，人工智能得以进行一系列重要的工作，如统计分析数据、参与医疗诊断等，它作为生活的重要方面开始改变人类的生活。在人工智能的理论方面，20 世纪 70 年代也是大发展的一个时期，计算机开始有了简单的思维和视觉，而不能不提的是在 20 世纪 70 年代，另一个人工智能语言 Prolog 语言诞生了，它和 LISP 一起几乎成了人工智能工作者不可缺少的工具。不要以为人工智能离我们很远，它已经在进入我们的生活，如模糊控制、决策支持等方面都有人工智能的影子。让计算机这个机器代替人类进行简单的智力活动，把人类解放并用于其他更有益的工作，这是人工智能的目的，但是对科学真理的无尽追求才是其最终的动力。

世界上最小的人工智能擎天柱

　　人工智能学科研究的主要内容包括：知识表示、自动推理和搜索方法、机器学习和知识获取、知识处理系统、自然语言理解、计算机视觉、智能机器人、自动程序设计等方面。

　　目前绝大多数人工智能系统都是建立在物理符号系统假设之上的。在尚未出现能与物理符号系统假设相抗衡的新的人工智能理论之前，无论从设计原理还是从已取得的实验结果来看，物理符号系统假设在探讨智能行为的一般特征和人类认知的具体特征的艰难征途上都取得了有特色的进展或成就，处在人工智能研究的前沿。

　　人工智能不单单需要逻辑思维与模仿，科学家们对人类

拓展阅读

视　觉

　　"视觉"是一个生理学词。光作用于视觉器官，使其感受细胞兴奋，其信息经视觉神经系统加工后便产生视觉。通过视觉，人和动物感知外界物体的大小、明暗、颜色、动静，获得对机体生存具有重要意义的各种信息，至少有 80% 以上的外界信息经视觉获得，视觉是人和动物最重要的感觉。

大脑和神经系统研究得越多，他们就越加肯定：情感是智能的一部分，而不是与智能相分离的。因此人工智能领域的下一个突破可能不仅在于赋予计算机更多的逻辑推理能力，而且还要赋予它情感能力。许多科学家断言，机器的智能会迅速超过爱因斯坦和霍金的智能之和。到 21 世纪中叶，人类生命的本质也会发生变化。神经植入将增强人类的知识和思考能力，并且开始向一种复合的人机关系过渡，这种复合关系将使人类逐渐停止对生物机体的需求。大量非常微小的机器人将在大脑的感觉区里占据一席之地，并且创造出真假难辨的虚拟现实的仿真效果。

　　人工智能的实现，不是天方夜谭。虽然会很辛苦，但是没有人规定只有人类可以思考。就像是生命的不同表现形式，如动物、植物、微生物。人类

可以以未知的方式思考，计算机也可以以另一种（并非一定要和人相同的）形式思考。

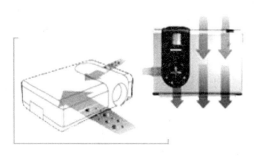 微型传感器——智能微尘

有一种东西，它可以使美国加利福尼亚州一年省下 7 亿～8 亿美元的电费；同样是这种东西，它可以让你家里的蟑螂成为窥视个人隐私的工具。这种东西正是西方一些研究机构津津乐道的未来产品——智能微尘。

基本小知识

加利福尼亚州

加利福尼亚州位于美国西部，是美国经济最发达、人口最多的州。它南邻墨西哥，西濒太平洋，别称黄金州，面积41.1 万平方千米。

智能微尘示意图

智能微尘是指具有电脑功能的一种超微型传感器，它可以探测周围诸多环境参数，能够收集大量数据，进行适当的计算处理，然后利用双向无线通信装置将这些信息在相距 304.8 米的微尘器件间往来传送。

智能微尘由微处理器、双向无线电接收装置和使它们能够组成一个无线网络的软件共同组成。将一些微尘散放在一个场地中，它们就能够相互定位，如果一个微尘功能失常，其他微尘会对其进行修复。

近几年，由于硅片技术和生产工艺的突飞猛进，集成有传感器、计算电

路、双向无线通信技术和供电模块的微尘器件的体积已经缩小到了沙粒般大小，但它却包含了从信息收集、信息处理到信息发送所必需的全部部件，未来的智能微尘甚至可以悬浮在空中几个小时，搜集、处理、发射信息。它仅依靠微型电池就能工作多年。

你知道吗

微型电池

微型电池是随着电子元件的小型化，特别是晶体管和集成电路的出现而发展起来的体积小、比能量高、工作电压平稳、密封性好、自放电小、可靠性高的电池。微型电池通常由正极、负极、电解质溶液、隔膜和密装零部件组成。

◎ 智能微尘的应用

军事应用

智能微尘系统也可以部署在战场上，远程传感器芯片能够跟踪敌人的军事行动，智能微尘可以被大量地装在宣传品、子弹或炮弹壳中，在目标地点撒落下去，形成严密的监视网络，敌方军事力量的部署情况自然就一清二楚。

美国五角大楼希望在战场上放置这种微小的无线传感器，以秘密监视敌军的行踪。美国国防部在多年以前就已经把它列为一个重点研发项目。智能微尘还可以用于防止生化攻击——可以通过分析空气中的化学成分来预测生化攻击。此外，智能微尘还有许多具体的军事应用。

医疗领域的应用

通过这种无线装置，可以定期检测人体内的葡萄糖水平、脉搏或含氧饱和度，将信息反馈给本人或你的医生，用它来监控病人或老年人的生活。将来老年人或病人生活的屋里将会布满各种智能微尘监控器，如嵌在手镯内的传感器会实时发送老人或病人的血压情况，地毯下的压力传感器将显示老人的行动及体重变化，门框上的传感器了解老人在各房间之间走动的情况，衣服里的传感器送出体温的变化，甚至于抽水马桶里的传感器可以及时分析排泄物并显示出问题……这样，老人或病人即使单独一个人在家也是安全的。

英特尔正在研究通过检测压力来预测初期溃疡的"Smart Socks"，以及通过检测伤口化脓情况来确定有效抗生物质的"智能绷带"。如果一个胃不好的病人吞下一颗米粒大小的小金属块就可以在电脑中看到自己胃肠中病情发展的状况，对任何一个胃不好的人来说无疑都是一个福音。智能微尘将来可以植入人体内，为糖尿病患者监控血糖含量的变化。糖尿病人可能需要看

拓展阅读

葡萄糖

葡萄糖又称为玉米葡糖、玉蜀黍糖，甚至简称为葡糖，是自然界分布最广且最为重要的一种单糖，它是一种多羟基醛。纯净的葡萄糖为无色晶体，有甜味但甜味不如蔗糖，宜溶于水，微溶于乙醇，不溶于乙醚。水溶液旋光向右，故亦称"右旋糖"。

着电脑屏幕上显示的血糖指数才能决定合适自己的食物。

防灾领域的应用

智能微尘可能会用于发生森林火灾时通过从直升机播散温度传感器来了解火灾情况。作为进一步的应用，智能微尘将用于通过传感器网络调查北太平洋海洋板块的美国华盛顿大学海洋项目及美国正在推进的行星网络项目中。

大面积，长距离无人监控

以我国西气东输及输油管道的建设为例，由于这些管道在很多地方都要穿越大片荒无人烟的地区。这些地方的管道监控一直都是道难题，传统的人力巡查几乎是不可能的事，而现有的监控产品，往往复杂而且昂贵。智能微尘的成熟产品布置在管道上将可以实时地监控管道的情况，一旦有破损或恶意破坏行为都能在控制中心及时了解到。如果智能微尘的技术成熟了，仅西气东输这样的一个工程就可能节省上亿元的资金。

电力监控方面同样如此，据了解，由于电能一旦送出就无法保存，因此，电力管理部门一般都会层层要求下级部门每月上报地区用电要求，但地区用电量的随时波动使这一数据根本无法准确获取，有些地方的供电局就常常因数据误差太大而遭上级部门的罚款。但一旦用智能微尘来监控每个用电点的用电情况，这种问题就将迎刃而解。

总之，从在拥挤的闹市区可用作交通流量监测器，在家庭则可监测各种家电的用电情况以避开高峰期到感应工业设备的非正常振动来确定制造工艺缺陷，智能微尘技术潜在的应用价值非常之大。而且，智能微尘器件的价格将大幅下降，今天已在 50 到 100 美元，预计 5 年之内将降到 1 美元左右，这预示着智能微尘具有广阔的市场前景。

虽然智能微尘应用前景十分美好，但当前仍存在着若干技术难题，还不能走向广泛应用。研究者们在将微机电系统与其他电子器件集成到单一芯片的过程中遇到了严峻的挑战。当前研究者们的目标是如何将 5 毫米的微尘芯片缩小到 1 毫米。

卡内基·梅隆大学微机电系统实验室的联合创始人之一费德尔试图利用最新的制造工艺与最先进的设计技术来解决这些难题，但要取得突破还有大量的工作要做。而且这需要杰出的、具有超凡的攻关能力的设计工程师来把所有功能集成到单一芯片内。目前，研究者们一直在努力开发先进的设计工具以帮助工

拓展思考

卡内基·梅隆大学

卡内基·梅隆大学是享誉世界的私立顶级研究型大学，由工业家兼慈善家安德鲁·卡内基于 1900 年创建。学校规模不大，学科门类不多，但其所设立的几乎所有专业都居于世界领先水平，主校区位于美国宾夕法尼亚州的匹兹堡。该校拥有全美第一所计算机学院和戏剧学院，该校的艺术学院、商学院、工学院以及公共管理学院都在全美名列前茅。

程师们最终完成这项艰巨的研究任务。

如何对这些极小的微型机械进行供电是当前设计者们所面临的另一个棘手的难题。当前这些系统的测试或应用都要靠微型电池供电。比较理想的情况是，未来能随意部署这些无线微尘器件，而无电能之忧。

磁 卡

今天在许多场合我们都会用到磁卡，如在食堂就餐，在商场购物，乘公共汽车，打电话，进入管制区域等。现在，人们遗失了钱包之后，往往担心的不是钱包里的现金，而是各种用途的磁卡。20世纪70年代早期，带有磁条的信用卡在美国问世，极大地提高了信用卡购物时的验证效率，一下子便受到零售商的青睐。美国的信用卡行业因此进入一个高速增长期。

趣味点击 　树 脂

树脂一般认为是植物组织的正常代谢产物或分泌物，常和挥发油并存于植物的分泌细胞、树脂道或导管中，尤其是多年生木本植物心材部位的导管中。它是由多种成分所组成的混合物，通常为无定型固体，表面微有光泽，质硬而脆，少数为半固体。它不溶于水，也不吸水膨胀，易溶于醇、乙醚、氯仿等大多数有机溶剂。它燃烧时有浓烟，并有特殊的香气或臭气。树脂分为天然树脂和合成树脂两大类。

磁卡是利用磁性载体记录各种信息，用来标志身份或其他用途的卡片。这种卡片状的磁性记录介质，必须与各种读卡器配合使用。视使用材料的不同，磁卡可分为 PET 卡、PVC 卡和纸卡三种；视磁层构造的不同，又可分为磁条卡和全涂磁卡两种。

磁卡使用方便，造价便宜，用途极为广泛，可用于制作信用卡、银行卡、地铁卡、公交卡、门票卡、电话卡、电子游戏卡、车票、机票等。

　　它由高强度、耐高温的塑料或纸质涂覆塑料制成，能防潮、耐磨且有一定的柔韧性，携带方便，使用较为稳定可靠。通常，磁卡的一面印刷有说明提示性信息，如插卡方向；另一面则有磁层或磁条，记录有关信息。

　　磁条是一层薄薄的由铁性氧化粒子所组成的材料。人们将这种材料用树脂黏合剂严密地黏合在一起，并黏合在诸如纸或塑料这样的非磁基片媒介上。

　　磁条从本质意义上讲和计算机用的磁盘是一样的，它可以用来记载字母、字符及数字信息。通过黏合或热合与塑料或纸牢固地整合在一起形成磁卡。磁条中所包含的信息一般比长条码大。磁卡磁条上通常有 3 个磁道：磁道 1 与磁道 2 是只读磁道，在使用时磁道上记录的信息只能读出而不允许写或修改；磁道 3 为读写磁道，在使用时可以读出，也可以写入。由于磁卡成本低廉，

你知道吗

塑料的成分

　　我们通常所用的塑料并不是一种纯物质，它是由许多材料配制而成的。其中高分子聚合物（或称合成树脂）是塑料的主要成分，此外，为了改进塑料的性能，还要在聚合物中添加各种辅助材料，如填料、增塑剂、润滑剂、稳定剂、着色剂等，才能成为性能良好的塑料。

易于使用，便于管理，且具有一定的安全特性，因此它的发展得到了很多世界知名公司，特别各国政府部门几十年的鼎力支持，使得磁卡的应用非常普及，遍布国民生活的方方面面。值得一提的是银行系统几十年的普遍推广使用使得磁卡的普及率得到了很大的提高。

　　根据用户需求的不同，磁卡有胶印、丝印、打印等多种印刷方式，采用其中一种甚至多种印刷方式印刷，同时根据需求可以在卡片上增加烫金、烫银等特殊工艺专版。

　　磁卡使用时应注意避免以下问题：磁卡在钱包、皮夹中距离磁扣太近，甚至与磁扣发生接触；与女士皮包、男士手包磁扣太近或接触；与带磁封条的通讯录、笔记本接触；与手机套上的磁扣、汽车钥匙等磁性物体接触；与

手机等能够产生电磁辐射的设备长时间放在一起；与电视机、收音机等有较强磁场效应的家用电器距离过近；在超市使用时，与超市中防盗用的消磁设备距离太近甚至接触；多张磁卡放在一起时，两张磁卡的磁条互相接触。

另外，磁卡受压、被折、长时间磕碰、曝晒、高温，磁条划伤、弄脏等也会使磁卡无法正常使用。同时，在刷卡器上刷卡交易的过程中，磁头的清洁、老化程度，数据传输过程中受到干扰，系统错误动作，收银员操作不当等都可能造成磁卡无法使用。

广角镜

手机刷卡器

手机刷卡器，类似一款外接读卡器，提供一插即刷功能，且无刷卡额度限制。只要将它插入智能手机音频孔建立连接后，在网上支付页面下订单后选择快刷支付功能按钮，就能使用信用卡、银行卡直接刷卡支付。

能源技术领域

　　能源技术在 20 世纪 70 年代就已经被称为世界三大尖端技术之一。

　　新式的能源技术能够把煤变成石油，用细菌造油，使石头出油以及让树产生石油等！可见能源技术不仅可以给人类带来诸多的便捷，更可以突破人类想象地将原本的不可能变为可能！本章就重点向您介绍这些新式能源技术，让您可以在阅读本章的同时感受到那来自人类的智慧与骄傲！

神奇的煤变 "石油" 技术

1982 年，一位美国专家在清华大学演讲厅里做了一个有趣的表演。他双手各持一杯掺水 30% 的煤粉，一杯煤粒较粗，一杯较细。他举起这两个杯子说："我现在要将两杯煤水混合物变成'石油'，如果失败，愿请大家吃烤鸭。"说着，他将两杯掺水的煤粉倒在一起，用玻璃棒搅拌起来。不一会，泥土似的煤水混合物竟渐渐地变稀了，终于成了重油似的液体。这就是煤变的"石油"——水煤浆。

水煤浆的问世，源于 20 世纪 70 年代的世界石油能源危机。当时全世界在石油能源危机所导致的经济大衰退之后，人们清醒地认识到石油作为能源，并不是取之不尽，用之不竭的，丰富的煤炭依然是长期可靠的主要能源。然而，传统的燃煤方式造成严重大气污染的历史教训是不容重现的。于是煤炭液化、汽化和浆化成为先进工业国家普遍重视的研究课题之一。水煤浆则是煤炭液化的最

水煤浆

知识小链接

北京烤鸭

北京烤鸭是具有世界声誉的北京著名菜式，用料为优质肉食鸭——北京鸭。它以色泽红艳，肉质细嫩，味道醇厚，肥而不腻的特色，被誉为"天下美味"而驰名中外。

佳成果，也是煤炭洁净利用中最廉价的实用技术。

煤　炭

水煤浆最初是由油煤浆发展而来的。当时有人将煤与石油对半混合，加上一点添加剂后，煤就会像石油一样流动。由于石油可以燃烧，油煤浆便是"火上加油"了。但油煤浆的价格贵，而且黏性也大，因而没有实用价值。煤和水混合为什么能变成"石油"呢？因为煤和石油是同一"娘胎"的兄弟。它们的主要成分都是碳和氢，并有少量的氧、氮、硫等元素。只是煤的含氢量比石油低得多，而含碳量则和石油差不多。所以，水的加入就是设法把煤的碳、氢元素重量的比例降低，达到接近石油的含量。这样，它们的"性格"就接近了。这种煤变的"石油"还能在烧油的锅炉里使用。科学家做了一个特殊的喷嘴，使水煤浆与空气混合，像雾一样地喷出。锅炉不用做很多的改造，就能迅速点燃，越烧越旺。

我国矿物能源以煤为主，到 2010 年，一次能源消费结构中煤占 60% 左右。大力发展节煤技术，高效清洁地利用我国煤炭资源，对于促进能源与环境协调发展，满足国民经济快速稳定发展的需要，具有极其重要的战略意义。

拓展阅读

石　油

石油又称原油，是从地下深处开采的棕黑色可燃黏稠液体，主要是各种烷烃、环烷烃、芳香烃的混合物。它是古代海洋或湖泊中的生物经过漫长的演化而形成的混合物，与煤一样属于化石燃料。

基本
小知识

煤 炭

煤炭是古代植物埋藏在地下经历了复杂的生物化学和物理化学变化后逐渐形成的固体可燃性矿物。煤炭被人们誉为"黑色的金子""工业的食粮"，它是18世纪以来人类社会使用的主要能源之一。

细菌造油

加拿大多伦多大学的魏曼教授，很早就找到了几种能够"制造石油"的细菌。这些微生物的组织结构中，几乎80%是含油物质。在电子显微镜下，它们很像一个个的塑料口袋，里面装满了油。魏曼把这类微生物放在一起，用二氧化碳喂养，就组成了一个"微生物产油田"，结果在实验室里制造出4升油，这种油很像柴油。实际上，石油也是从千奇百怪的小生物变来的。古代的水生生物埋藏在地下，在几千万甚至几亿年漫长的岁月里，经过大自然的作用变成了石油。它的主要成分是碳和氢。

广角镜

加拿大的国树

加拿大素有"枫叶之国"的美誉。枫树已被加拿大人民视为国树来珍爱。枫树已成为加拿大国家、民族的象征。

科学家们发现，有不少微生物不仅会"吃"这类碳氢化合物，而且还有"积存"碳氢化合物的本领。比如，有一种叫分枝杆菌的微生物，它能够产生类似于碳氢化合物的霉菌酸，像酿酒、制酱那样，经过酶的催化作用聚合到一起，就得到了一种真正的菌造石油。根据这个原理，建造一个人工湖，把微生物"放养"到水里，水里溶解有足够的二氧化碳，可供它们"食用"。用不了多久，微生物便成千成万倍地繁殖。培养出来的微生物，可以用过滤器收集，然后送到专门的工厂里去"炼油"。让细菌造石油，只要二氧化碳供应充足，造油速度很快，两三天就能收获一次。细菌造油的人工湖和炼油厂到处可以建造，生产持续不断，风雨无阻。据说，只要掌握天时地利，每亩（1亩约等于 667 平方米）水面每年就能够生产 3700 桶原油。

▶ 可出油的石头——油页岩

大块的油页岩经过破碎、筛选，送到一种巨大的炉子里；在隔绝空气的条件下加热，使有机质分解生成油气；油气再进入一个冷却装置，被冷却凝结成油状的液体，这就是页岩油。页岩油很像石油，除了液态的碳、氢物质外，还含有少量氧、氮和硫的化合物。页岩油经过进一步加工提炼，可以制得汽油、煤油、柴油等液体燃料，具有与石油相同的作用。

油页岩

知识小链接

花　粉

　　花粉是种子植物特有的结构，相当于一个小孢子和由它发育的前期雄配子体。在被子植物成熟花粉粒中包含 2 个或 3 个细胞，即一个营养细胞和一个生殖细胞或由其分裂产生的两个精子。在两个细胞的花粉粒中，两个精子是在传粉后在花粉管中由生殖细胞分裂形成的。

油页岩是一种石头，它同石油一样，是由生物的残体混同泥沙变成的，所以可以用来炼油，又称油母页岩、油母。油页岩主要是由藻类等低等浮游生物经腐化作用和煤化作用而生成。一些微小动物、高等水生或陆生植物的残体，如孢子、花粉、角质等植物组织碎片，也参与了油页岩的生成。油页岩是人造石油的重要原料。

油页岩产油率低于 6% 的属贫矿，高于 10% 的属富矿。世界已探明的产油率在 4% 以上的油页岩储量，折合页岩油约 4700 亿吨，超过已探明的石油储量。美国西部格林河流域拥有世界上储量最大的油页岩矿藏；中国的油页岩资源也较丰富，其中最负盛名的为抚顺矿区，探明油页岩储量 36 亿吨，平均产油率约 5.5%；茂名油页岩矿，可采储量 40 亿吨，平均产油率 6%。

油页岩堆

油页岩全球分布广泛，储量较为丰富的国家有巴西、中国、爱沙尼亚、德国、以色列以及俄罗斯，但储量最为丰富的国家还是美国。全球大约有 2/3 的油页岩都埋藏在美国格林河流域。虽然储量丰富，但截至目前美国境内的油页岩基本上还未被开发。不过其他油页岩储量丰富的国家早在几十年前就已经对其进行开采，用于发电或其他用途。

实际上，美国人并非一直十分关注油页岩，他们对油页岩的热情随着油价的起起伏伏变得忽冷忽热。如在 20 世纪 70 年代石油危机期间，美国人对油页岩热情高涨，但当石油价格降下来之后，他们也随之失去了对油页岩的兴趣。

直到 2003 年，美国公司才重新想起了快被遗忘的油页岩，原因还是油价疯涨。2005 年，美国政府的能源政策法案中正式开放了美国可供开采油页岩的地区。但随之而来的汽油价格下降、社会对环境问题的关注升温以及人们对可再生能源热情高涨让油页岩在美国的未来又变得不确定起来。

油页岩标本实验室

尽管普通美国人经常是"三心二意"摇摆不定，但是环保组织反对起油页岩开采来可是毫不含糊。他们的理由十分充分：油页岩开采会对环境带来严重的危害。首先，开采活动会破坏地表生态，而开采后的生态重建要花上几十年甚至更长的时间。其次，开采活动耗水量极大，据悉，生产1桶页岩油耗水量为5桶。第三，油页岩开采为能源密集型活动，因此会加速全球变暖的步伐。有研究人员经过计算得出，每生产、使用4升页岩油的二氧化碳排放量为传统汽油的150%。

油页岩的加工利用方式主要有两种：①干馏制取页岩油，进一步加工成轻质油品以及多种化工产品；②直接用作锅炉燃料，产生蒸汽，并进一步用于发电。油页岩干馏和燃烧后的页岩灰可用于生产水泥等建筑材料。

在油页岩炼油过程中还能得到许许多多的副产品：硫酸铵可作肥料；酚类和吡啶可用作生产合成纤维、塑料、染料、药物的化工原料；排出的气体，如同煤气一样，可作气体燃料；留下的页岩灰渣，可用来制造水泥熟料、陶瓷纤维、陶粒等建筑用材。油页岩可谓"全身是宝"。

你知道吗

硫酸铵的化学性质

硫酸铵纯品为无色透明斜方晶系结晶，水溶液呈酸性，不溶于醇、丙酮和氨，有吸湿性，吸湿后固结成块，加热到513℃以上完全分解成氨气、氮气、二氧化硫及水。硫酸铵与碱类作用则放出氨气，与氯化钡溶液反应生成硫酸钡沉淀，也可以使蛋白质发生盐析。

寻找 "石油树"

有人说，许多植物都可以榨油，如黄豆可以榨出豆油、油菜子可以榨出菜油、桐子树的果实可以榨出桐子油……有没有什么树，可以长出石油呢？

早在 1928 年，美国科学家艾迪孙在研究橡胶树时，就发现好几种植物的液汁中含有碳氢化合物。从这些植物的树皮、树干、树根、树叶和果实中流出的液体，都可以燃烧。有些植物的液汁，在科学家来研究它们之前，当地的老百姓就将它们用来当燃料了。

广角镜

橡胶树的毒素

该物种为中国植物图谱数据库收录的有毒植物，其毒性为种子和树叶有毒，小孩误食 2～6 粒种子即可引起中毒，症状为恶心、呕吐、头晕、四肢无力，严重时出现抽搐、昏迷和休克。牛食后也能引起中毒。

可惜的是，当时还未发生能源危机，人们对用植物生产燃油的兴趣并不大，所以没有引起重视。

1973 年后，由于能源危机的出现，促使科学家开始重视 "石油树" 的研究。美国加利福尼亚大学教授卡尔文就为此而跑遍了世界各地，企图找到 "石油树"。

他的工夫没有白费，在巴西，卡尔文找到一种叫 "苦配巴" 的树。这种树是一种乔木，可长至 30 米高、1 米粗。在树干上钻一个直径 5 厘米的孔，就可以流出一种油状树液，成分接近柴油。这种树液不必加工，就可以当燃料用。

经过许多科学家的寻找，类似的植物不断被找到。如美国有一种杏槐，它的胶汁经过简单加工，可以成为一种燃料油。有人发现，12 种大戟科植物，都可生出类似石油的燃油。如产在北美、西欧、非洲的含油大戟，是一种灌

白乳木

　　白乳木是一种落叶乔木，栽后2～3年即可开花结子，每株树结子5～10千克，5年后进入盛产期，盛产期后每株树年平均结油子50多千克，多的可达100～150千克，最高可产300千克。白乳木每年谷雨前后开花，11月成熟，经科学测定：光皮树子含油率达33%，其油色泽橙黄透明，气味芳香。

木，高1.5～2米，它的胶汁状树液可以制成类似石油的燃料。巴西亚马孙流域的热带森林中，生长着一种油棕榈树，果实可生产燃油。泰国南洋油桐树的树子也可提取燃油。我国海南岛尖锋岭、吊罗山等地的热带森林中，有一种油楠树，这种乔木和"苦配巴"类似，也可产柴油。一棵树一年可收获多达50千克的柴油。有一种含油桉树，树叶用水蒸气蒸馏，可以得到桉油，这种油与汽油类似。我国陕西还有一种白乳木，它也会流出一种白色的油，可以用来点灯和作润滑油。南美有一种树叫绿玉树，树皮可流出白色液汁，可直接燃烧，因为像牛奶，所以又称"牛奶树"。还有一种马利筋属的草，也会分泌出白色可燃液汁，所以被称为"牛奶草"。

油棕榈树

　　科学家还对有些已发现的含油树进行了引种，而且取得了可喜的收效。如美国曾引种"苦配巴"树，在加利福尼亚州建立了种植试验场。结果，100棵"苦配巴"树一年能生产一二十桶柴油。科学家还试种了含油大戟，结果1公顷含油大戟，一年至少可以收取25桶"生物石油"。据说，经过改良品种后，1公顷含油大戟年产油量可增至325桶。巴西栽种的油棕榈树，3年开始结果，每公顷油棕榈树果实可产油 10000 千克。

　　全世界的森林覆盖率约为 30%，地球陆地上通过光合作用产生的生物质约有 2000 亿吨，有 2/3 存在于森林之中，森林植物的生物质是化学产品和能量的重要源泉之一，为我们提供了取之不尽的能源。自 1973 年以来，科学家不断发现柴油树，这些柴油树，有的能直接利用它流出的油来发动汽车，有些稍为简单加工提炼之后，就可以作为燃料油。

　　除了寻找和引种直接产油的"石油树"外，科学家还准备用微生物发酵的办法，使某些绿色植物生产出类似石油、甲烷、酒精等燃料来。如美国发现一种水生藻类，经石油菌发酵作用后，每年能生产成千桶"石油"。这种水生藻类是一种生长速度非常快的植物，它一年可长 30 多米，所以用它生产"石油"，极为神速。

　　科学家认为，全球绿色植物每年生产的碳氢化合物多达 300 亿吨以上，只要经过高压、高温加工，就能制造出类似石油的产品来。所以世界各国都十分重视绿色能源的开发。

利用太阳能造电池

　　太阳能电池是通过光电效应或者光化学效应直接把光能转化成电能的装置。

　　太阳光照在半导体 p－n 结上，电子和空穴的数目增多，在 p－n 结电场的作用下，空穴由 n 区流向 p 区，电子由 p 区流向 n 区，接通电路后就形成电流。这就是光电效应太阳能电池的工作原理。

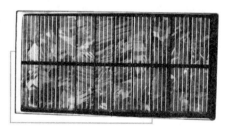

太阳能电池

◎ 太阳能的发电方式

光热电转换方式

光热电转换方式通过利用太阳辐射产生的热能发电，一般是由太阳能集热器将所吸收的热能转换成工质的蒸气，再驱动汽轮机发电。前一个过程是光热转换过程；后一个过程是热电转换过程，与普通的火力发电一样，太阳能热发电的缺点是效率很低而成本很高，估计它的投资要比普通火电站高 5～10 倍。一座 1000 兆瓦的太阳能热电站需要投资 20～25 亿美元，平均 1 千瓦的投资为 2000～2500 美元。因此，目前只能小规模地应用于特殊的场合，而大规模利用在经济上很不合算，还不能与普通的火电站或核电站竞争。

光电直接转换方式

光电直接转换方式是利用光电效应，将太阳辐射能直接转换成电能，光电转换的基本装置就是太阳能电池。太阳能电池是一种由于光生伏特效应而将太阳光能直接转化为电能的器件，是一个半导体光电二极管，当太阳光照到光电二极管上时，光电二极管就会把太阳的光能变成电能，产生电流。当许多个太阳能电池串联或并联起来就可以成为有比较大的输出功率的太阳能电池方阵了。太阳能电池是一种大有前途的新型电源，具有永久性、清洁性和灵活性三大优点：太阳能电池寿命长，只要太阳存在，太阳能电池就可以一次投资而长期使用；与火力发电、核能发电相比，太阳能电池不会引起环境污染；太阳能电池可以大中小并举，大到百万千瓦的中型电站，小到只供一户用的太阳能电池组，这是其他电源无法比拟的。

目前，许多国家正在制订中长期太阳能开发计划，准备在 21 世纪大规模开发太阳能，美国能源部推出的是国家光伏计划，日本推出的是阳光计划。NREL 光伏计划是美国国家光伏计划的一项重要的内容，该计划在单晶硅和高级器件、薄膜光伏技术、PVMaT 光伏组件以及系统性能和工程、光伏应用和市场开发等多个领域开展研究工作。

美国还推出了"太阳能路灯计划"，旨在让美国一部分城市的路灯都改为由太阳能供电，根据计划，每盏路灯每年可节电800度。日本也正在实施太阳能"7万套工程计划"，日本准备普及的太阳能住宅发电系统，主要是装设在住宅屋顶上的太阳能电池发电设备，家庭用剩余的电量还可以卖给电力公司。一个标准家庭可安装一部发电3千瓦的系统。欧洲则将研究开发太阳能电池列入著名的"尤里卡"高科技计划，推出了"10万套工程计划"。这些以普及应用光电池为主要内容的"太阳能工程"计划是目前推动太阳能光电池产业大发展的重要动力之一。

日本、韩国以及欧洲地区总共8个国家最近决定携手合作，在亚洲内陆及非洲沙漠地区建设世界上规模最大的太阳能发电站，他们的目标是将沙漠地区的长时间日照资源有效地利用起来，为30万用户提供100万千瓦的电能。

2002年，中国启动了"西部省区无电乡通电计划"，通过太阳能和小型风力发电解决西部七省区无电乡的用电问题。这一项目的启动大大刺激了太阳能发电产业的发展，国内建起了几条太阳能电池的封装线，使太阳能电池的年生产量迅速增加。

目前，太阳能电池的应用已从军事领域、航天领域进入通信、家用电器以及公用设施等领域，尤其可以分散地在边远地区、高山、沙漠、海岛和农村使用，以节省造价很贵的输电线路。但是在目前阶段，它的成本还很高，发出1千瓦电需要投资上万美元，因此大规模使用仍然受到经济上的限制。

但是，从长远来看，随着太阳能电池制造技术的改进以及新的光电转换装置的发明，各国对环境的保护和对再生清洁能源的巨大需求，太阳能电池仍将是利用太阳辐射能比较切实可行的方法，可为人类未来大规模地利用太阳能开辟广阔的前景。

用水开汽车的技术开发

　　1986 年初，在菲律宾的马尼拉，传出了一大新闻。一个叫丁格尔的工程师经过现场表演，高兴地宣布，他最新改装成功了靠水作动力的汽车，全程 147 千米，只用了半升汽油和 15 升水。

　　普普通通的水，怎么成了汽车的燃料？这同水的成分有关。水本身是由氢和氧化合而成的。尽管水中的氢、氧原子十分"团结"。但只要通过特殊的办法，也可以把它们分离成为能燃烧的氢和可助燃的氧。试验证明，氢在空气中燃烧，可获得 1000℃以上的高温，而在氧气中燃烧，温度还要高两倍半。所以，只要将水分解，得到氢氧两"兄弟"，可获得"风助火势"的效果。

　　人们曾设想：要是在汽车上安装一个微型的分解装置，将燃料箱灌满水，随车制取氢和氧作燃料，就能驱动汽车了。1985 年 9 月，英国一位发明家，在水箱的水面下设置一个旋转的铝鼓，再用一条铝丝伸向铝鼓，只要在铝丝和鼓之间加上 1.8 万伏的高压，就可以放出氢和氧，通过发动机的气化器驱动汽车。他还用发动机驱动一个交流电机，作为产生分解水的电力。然而，未等英国发明家试车，菲律宾工程师丁格尔却捷足先登了。他经过 14 年的努力，设计出一个"秘密装置"，设置在一块磁石上面，把水缸和气化器连接起来。这辆汽车只需几滴汽油启动，然后切断燃料供应，便能用海水、啤酒、可口可乐，甚至尿作"燃料"驱动。用水代汽油开汽车，现在还只是一种试验，科学家正在探索实用的途径。1990 年，日本发明家川中松义郎已研制成用水作燃料的汽车发动机，它比汽油发动机发出高 3 倍的动力。可以预见，水将成为汽车的新能源。

　　水开汽车的原理是，水经过普通汽车电池提供电力的作用，就会分解成气状的氢和氧。它们的燃烧所释放的热量是汽油的 3 倍。而电池的电力可以不断充电，只要发动机转动。

"吃" 垃圾的工厂

在意大利罗马城郊，有一个"吃"垃圾的工厂，承担着全市垃圾的处理工作。它用巨型磁铁吸出金属，加工成各种各样的金属原料；用风机扬出纸张和塑料，分别制成纸浆和再生塑料；把瓜果皮等有机物制成肥料和饲料；最后剩下来的垃圾，还可用作燃料。据统计，垃圾里大约含有 30% 的可燃物，包括木块、木屑、下水道淤泥、废油等有机物，

"吃"垃圾的工厂

都可以重新利用。垃圾在坑道里腐烂发酵，生成沼气等可燃性气体，都可以通过管道供生产和生活使用。还可以把可燃性垃圾经过发酵、粉碎、压块成型，制成固体燃料，它的发热量比木材要高 1 倍。加工 2400 万吨垃圾，制成 1300 万吨"垃圾块"，可代替 500 万吨石油。

基本小知识

意大利

意大利位于欧洲南部，主要由靴子形的亚平宁半岛和两个位于地中海中的大岛西西里岛和萨丁岛组成。意大利在北方阿尔卑斯山地区与法国、瑞士、奥地利以及斯洛文尼亚接壤。

垃圾也可用来发电。垃圾发电是把生物垃圾、废木料等有机物送进特制的"垃圾锅炉"，用燃烧加热锅炉里的水，再通过锅炉中沸水产生的蒸汽推动涡轮发电机发电。1993 年，我国在深圳建成的首座垃圾电站，每年可发电 305 万千瓦时，使垃圾变成了有价值的能源和商品。

蒸　汽

蒸汽也被称为水蒸气。根据压力和温度可将蒸汽分为饱和蒸汽和过热蒸汽。蒸汽主要用途有加热（加湿）；产生动力；作为驱动等。

前些年由于缺乏无害化处理设施，生活垃圾只能直接堆置在城郊或进行简单填埋。这种简单的处理方式"服务了当代，贻害了子孙""清洁了城市，污染了农村"，是一种污染转嫁做法，对环境的即时和潜在危害很大。

目前，应用垃圾发电，使得发电厂不仅能"吃"普通的生活垃圾，而且能"消化"假烟酒、过期食品、假药品、过期化妆品、盗版光盘等"特殊垃圾"。通常这些"特殊垃圾"的销毁方式为露天焚烧，浓烟滚滚的场面虽壮观却造成了二次污染，而且要动用消防车进行灭火，不但费用高，还造成了资源浪费。垃圾焚烧发电厂的运营解决了这一问题，为这些"特殊垃圾"找到了变废为宝和清洁环保的好出路。

随着中国经济的快速发展，能源问题已日益突出。发展循环经济，有效利用废弃物中所含能源，是解决能源危机，建立节约型社会，实现经济可持续发展的有效途径，而垃圾发电就充分体现了"减量化、再利用、再循环"的"3R"原则，因此是一种典型的循环经济，产生了巨大的环保效益和社会效益。

👁 核聚变能的技术开发

一说起核聚变，大家会认为那似乎是遥远的未来才能用上的资源。实际上，太阳和其他恒星上时时刻刻都在进行着核聚变反应，太阳能本质上就是太阳的核聚变能中被太阳光送到地球上的那一部分。煤炭、石油、天然气等化石能源本质上是古生物以特殊形式储存起来的太阳能（也就是核聚变能）；水力发电之所以能利用源源不绝地从高处向低处流的水能，归根结底是太阳能把低处的水蒸发，以雨、雪的形式落在高处造成的；风力、波浪、海洋热能等也都是太阳能的转化形式，所以，除了核聚变能是铀等裂变物质固有的、地热能是地球固有的、潮汐能主要是由

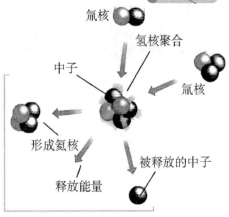

核聚变反应示意图

太阳和月球的引力造成的以外，其他的能源几乎都来自太阳的核聚变能。

自从 1952 年美国试验成功第一颗氢弹（我国第一颗氢弹于 1967 年试验成功）以来，人类开始直接利用核聚变能。氢弹爆炸是氘和氚的热核聚变反应，它的巨大能量在一瞬间释放出来，不可控制，只能当作炸弹作破坏之用而无法和平利用。受控核聚变才是人类取之不尽、用之不竭的既安全又清洁的能源。

受控核聚变消耗的是氘和氚。其中氘是天然存在的，每升海水中含有 0.03 克氘，地球的海洋里约含 45 万亿吨氘，所以氘是取之不尽，用之不竭的；氚可以用储量丰富的锂在反应堆中生成。将来的受控核聚变反应堆会比现在的核裂变反应堆安全得多，因为核聚变反应堆不会产生大量强放射性物质，而且核聚变燃料用量极少，每秒钟只需投入 1 克；停止投入燃料，核聚变反应堆就能迅速关闭，不致发生重大事故。

核聚变反应堆的真正问题不在于关闭，而在于它太难启动了。要实现受控核聚变反应，必要的条件是：要把氘和氚加热到几亿度的超高温等离子体状态，这种离子体粒子密度要达到每立方厘米 100 万亿个，要使能量约束时间达到 1 秒钟以上。这也就是核聚变反应的点火条件，此后只需补充燃料（每秒钟补充约 1 克），核聚变反应就能继续下去。

无论什么样的容器都经受不起这样的超高温，所以，受控核聚变的关键技术在于用磁场把高温等离子体箍缩在真空容器中平缓地进行核聚变反应。但是高温等离子体就像一匹烈马，很难约束得住，被箍缩的高温等离子体很难保持稳定。人们研究得较多的是一种叫作托卡马克的环形核聚变反应堆装置，但它至今不能连续运转。所以，托卡马克有无前途，人们还在争论。

另一种方法是惯性约束，即用强功率驱动器（激光、电子或离子束）把燃料微粒高度压缩加热，实现一系列微型核爆炸，然后把产生的能量取出来。惯性约束不需要外磁场，系统比较简单，但这种方法还有一系列技术难题有待解决。

拓展阅读

粒 子

粒子是指能够以自由状态存在的最小物质组分。最早发现的粒子是电子和质子，目前已发现的粒子累计超过几百种。需要说明的是，粒子并不是像中子、质子等实际存在的具体的物质，而是它们的统称，是一种模型理念。就好比说动物中有狮子、老虎等，但并没有"动物"这种生物，所以"动物"一词是一个统称，"粒子"也一样。

总之，未来的受控核聚变反应堆将是包括了复杂的供电系统、大型超真空系统、加料系统、大容量制冷系统、氚处理系统、遥控操作系统等系统的极复杂的高技术装置，再进一步，将是聚变－裂变混合反应堆。它的中心是聚变反应堆芯，其周围是天然铀组成的包层，包层可以被转换成裂变材料，起到燃料增殖作用，与裂变反应堆相匹配，大大提高铀资源的利用率。当然，它的结构必定复杂得多，实现起来在技术和工程上难度非常大。

要想使聚变能持续受控地释放出来并转换成电能或其他形式的能量，可就不容易了。人们努力了约50年之久，至今受控核聚变仍未实现，仍然是可望而不可即。可是，科学家们并没有认输，他们仍在继续努力。

受控核聚变试验装置

受控核聚变是人类面临的头号技术难题，美国、俄罗斯、日本和西欧各国准备加强国际合作，联合攻关，力争在不久的将来通过共同努力，建成世界上第一个能持续运转的受控核聚变反应堆，把"人造太阳"的梦想最终变成现实！

我国的核聚变能研究居于世界领先水平。国家重大科学工程项目"EAST超导托卡马克核聚变实验装置"，与国际同类实验装置相比，成为使用资金最少，建设速度最快，投入运行最早，运行后获得等离子放电最快的先进核聚变实验装置。该装置是全世界核聚变能开发的重要里程碑。它极明确地显示出中国对世界核聚变研究的贡献，同时展示了中国科学家在物理和工程方面的能力。

◐ 雪能发电吗

雪，是圣洁的，洁白而晶莹的白雪世界，无怪会引起骚人墨客吟诗赋词的雅兴。雪的魅力不仅在于它那出奇的美学效应，更引人注目的是它还具有发电功能。在当今世界电气化是人类追求的目标，各种能源的归途无不与电"联姻"，而白雪发电并非奇想。

雪花不仅形态迷人，而且还蕴藏着巨大的能量，可以用来发电。煤、石油等燃烧释放的是热能，雪不能燃烧，同样能放出能量，但不是热能，而是"冷能"。生活中的制冷设备如冰箱等，在制冷时要消耗大量电能。如果用雪花来制冷，不就可以节省许多电能吗？实际上，我们的祖先早在利用冰能了。在清朝，专门有官员负责在冬季收集冰块，贮藏在地窖里，到夏季把冰块发给皇亲贵族使用。在现代，美国科学家曾把冬天保存的 500 吨雪，在炎热的夏天用作高楼的空调能源。日本科学家设想在炎热的夏天，把融化的雪水通过管道对大楼降温。日本的一农业试验场，把雪堆在贮藏蔬菜、谷物的库房周围，使库房的温度保持在 0℃ 左右，蔬菜、谷物在没有制冷设备的库房里，完好保存了几个月。

早在 19 世纪末，法国的两个工程师用两个烧瓶，一个装入 28℃ 的温水作为"高温热源"，另一个烧瓶装入白雪作为"低温热源"。二者用弯曲的玻璃管相连，并在连接处插入小汽轮机的叶轮。然后用真空泵将烧瓶中的空气抽出，温水就急剧沸腾，蒸汽压力推动叶轮，以每分钟 5000 转的转速旋转发电，奇迹般地点亮了 3 个小灯泡，直到水温从 28℃ 降到 18℃，叶轮才停止转动。这是利用雪与水的温差进行发电，叫作温差发电。

目前，积雪发电已获得成功，利用积雪温差发电的独特设备也设计制造出来了。积雪发电的工作原理是这样：把一个蒸发器放在地面上，蒸发器里面放的是沸点很低的液体化学物质，比如氟、氨等液体。再把一个凝缩器放在高山上。凝缩器里放的是雪。两个器具之间用管道连接在一起，并把管内空气抽出。然后，用地下热水和工厂里的余热，使沸点很低的氟、氨等液体变成气体，通过管道冲击汽轮机，带动发电机发电。通过汽轮机的氟、氨气体，再经过凝缩器，在雪的冷却作用下，重新变成液体贮存在蓄水器里，通过泵送回蒸发器，循环使用，不断发电。

我国西藏、青海、新疆的高原地区，既是冰雪堆积区，又有充沛的太阳能，有条件利用雪与水的温差发电，据说有些研究所

拓展思考

青海省

青海省为我国青藏高原上的重要省份之一，境内有全国最大的内陆咸水湖——青海湖。青海省位于我国西北地区，面积 72.23 万平方千米，东西长 1200 多千米，南北宽 800 多千米，与甘肃、四川、西藏、新疆接壤。

正在开发白雪发电项目。

白雪发电是继火电、水电、核电、风力发电、潮汐发电、地热发电之后的一种新式电源，它是能源家族的新成员，许多发达国家都在开发这种绿色能源。最近，日本提出利用北海道的高原上的积雪，用雪和水的温差发电，建一个 200 千瓦级的发电站。这是使白雪发电迈向工业发电的一个新里程碑。

束能的技术领域

一种新型能源——束能，正在受到人们的重视并被开发利用。束能，顾名思义，就是"射束能源"。如果我们用放大镜把太阳聚成一点，提高太阳光的能量，就能点燃火柴、纸片。同样，科学家通过聚焦技术，把无线电波紧缩在一起，成为一种能，这种能就叫作束能。

束能理论最早是在 19 世纪，由大科学家赫兹和泰拉斯提出来的。现在，这个理论已发展成熟，进入实用阶段。

微波是波长很短的无线电波。第二次世界大战后，随着微波技术的发展，科学家首先对微波聚焦，使它们成为微波束能。20 世纪 70 年代，美国计划在卫星上建造太阳能电站。该电站上有两块巨大的矩形电池帆板，它们将阳光转换成电。在电池帆板之间的微波天线将电通过波发生装置变成微波能，再由微波天线聚成微波束能，发射到地面。地面接收站把接收天线收到的微波束能转换成电，供人们使用。

束能技术的应用前景极为广阔。目前，科学家对束能的研究，主要集中在建立地面微波束能站方面，为各种飞行器提供束能动力。

加拿大制造了一架利用微波束能作燃料的试验飞机。飞机机翼下面有天线，专门接受地面微波站发射的微波束能，然后，将微波束能转变成电，用作飞机动力。这架飞机在空中飞行几个月，像一个低空飞行的通信卫星，既可以监视地球大气层中的各种危险气体，又可成为无线电通信转播站。

美国打算设计一种小型束能宇宙飞船，能载 5 名航天员，船重 6 吨，十分方便，从简易场地起飞，只需三四分钟就可以进入运行轨道。美国科学家还设计了一种大型无人驾驶束能飞机，能在高空飞行中携带各种仪器设备，持续飞行 90 个小时。这架束能飞机的任务是监测地球环境。

基本小知识

白内障

白内障是发生在眼球里面晶状体上的一种疾病，任何晶状体的浑浊都可称为白内障。初期浑浊对视力影响不大，尔后逐渐加重，明显影响视力甚至失明。根据调查，白内障是最常见的致盲和视力残疾的原因，人类中约有 25% 的白内障患者。

束能武器。这种武器能以陆基、车载、舰载和星载的方式发射，突出特点是射速快，能在瞬间穿透数百千米甚至数千千米外的目标而不留下"硬伤"，尤其对精确制导高技术武器有直接的破坏作用，因此被认为是战术防空、反装甲、光电对抗乃至战略反导、反卫星、反一切航天器的多功能理想武器。目前，这一崭新机理的"束能技术"发展很快，X 射线激光器、粒子束武器、高能微波式武器等已走出实验室，准分子激光器、短波长化学激光器、等离子体炮、"材料束"武器等在加速研制中。束能武器中，微波射频武器被誉为"超级明星"，其强电磁干扰能使敌方雷达、通信混乱，能破坏敌方电子设备中的电路使之失效，发射强热效应可造成人体皮肤烧灼和眼白内障，甚至烧伤致死。

束能是一种新型能源，正受到人们越来越多的重视。

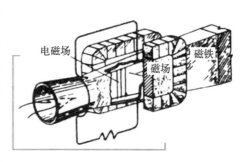 燃煤磁流体发电技术

磁流体又称磁性液体、铁磁流体或磁液，是由强磁性粒子、基液（也叫媒体）以及界面活性剂三者混合而成的一种稳定的胶状溶液。该流体在静态时无磁性吸引力，当外加磁场作用时，才表现出磁性。

磁流体发电是一种新型的高效发电方式，其定义为当带有磁流体的等离子体横切穿过磁场时，按电磁感应定律，由磁力线切割产生电，在磁流体流经的通道上安装电极和外部负荷连接时，则可发电。

知识小链接

碱金属

碱金属指的是元素周期表 IA 族元素中所有的金属元素，目前共计有锂、钠、钾、铷、铯、钫六种金属元素，前五种存在于自然界，钫只能由核反应产生。

为了使磁流体具有足够的电导率，需在高温和高速下，加上钾、铯等碱金属和加入微量碱金属的惰性气体（如氦、氩等）作为工质，以利用非平衡电离原理来提高电离度。

燃煤磁流体发电技术，亦称为等离子体发电，是磁流体发电的典型应用，燃烧煤而得到的 $2.6 \times 10^6 ℃$ 以

磁流体发电装置原理

上的高温等离子气体以高速流过强磁场时，气体中的电子受磁力作用，沿着与磁力线垂直的方向流向电极，发出直流电，经直流逆变为交流送入交流电网。

燃煤磁流体发电系统由燃烧室、磁体和发电通道三大主要部件构成。燃煤磁流体发电机的特点是：把传统火力发电厂的汽轮机所承担的热能—机械能转换功能和发电机所承担的机械能—电能转换功能集于一身，而且主要部件都不是转动设备。燃煤磁流体发电技术的发展，无疑将导致发电设备的革命。

趣味点击　　磁　场

磁场是电流、运动电荷、磁体或变化电场周围空间存在的一种特殊形态的物质，它具有波粒的辐射特性。

燃煤磁流体发电本身的效率仅20%左右，但由于其排烟温度很高，从磁流体排出的气体可送往一般锅炉继续燃烧成蒸汽，驱动汽轮机发电，组成高效的联合循环发电，总的热效率可达50%～60%，是目前正在开发中的高效发电技术中最高的。此外，它可有效地脱硫，是一种低污染的煤气化联合循环发电技术。

在燃煤磁流体发电技术中，高温陶瓷不仅关系到在高温环境中磁流体能否正常工作，且涉及通道的寿命，亦即燃煤磁流体发电系统能否正常工作的关键。

"863计划"实施以来，我国燃煤磁流体发电技术取得了较大进展：通过中美合作，完成了中国的万千瓦级燃煤磁流体——蒸汽联合循环中试电站的概念设计；在北京建成热功率为25兆瓦的燃煤磁流体——蒸汽联合循环上游试验基地；在上海建成热功率5兆瓦的燃煤磁流体——蒸汽联合循环下游试验基地。

中国科学院电工研究所研制成功目前国内规模最大的圆鞍形超导磁体等。

 先进核反应堆技术

核反应堆，又称为原子反应堆或反应堆，是装配了核燃料以实现大规模可控制裂变链式反应的装置。

早在 1929 年，科克罗夫特就利用质子成功地实现了原子核的变换。但是，用质子引起核反应需要消耗非常多的能量，使质子和目标的原子核碰撞命中的机会也非常之少。

1938 年，德国人奥托·哈恩和休特洛斯二人成功地使中子和铀原子发生了碰撞。这项实验有着非常重大的意义，它不仅使铀原子简单地发生了分裂，而且裂变后总的质量减少，同时放出能量。尤其重要的是铀原子裂变时，除裂变碎片之外还射出 2 至 3 个中子，这个中子又可以引起下一个铀原子的裂变，从而发生连锁反应。

1939 年 1 月，用中子引起铀原子核裂变的消息传到费米的耳朵里，当时他已逃亡到美国哥伦比亚大学，费米不愧是个天才科学家，他一听到这个消息，马上就直观地设想了原子反应堆的可能性，开始为它的实现而努力。

1942 年 12 月 2 日，费米的研究组人员全体集合在美国芝加哥大学足球场的一个巨大石墨型反应堆前面。这时由费米发出信号，紧接着从那座埋没在石墨之间的 7 吨铀燃料构成的巨大反应堆里，控制棒缓慢地被拔了出来，紧接着计数器发出了咔嚓咔嚓的响声，到控制棒上升到一定程度

广角镜

石墨

石墨是元素碳的一种同素异形体，每个碳原子的周边连接着另外三个碳原子（排列方式呈蜂巢式的多个六边形）以共价键结合，构成共价分子。由于每个碳原子均会放出一个电子，那些电子能够自由移动，因此石墨属于导电体。

时，计数器的声音响成了一片，这说明连锁反应开始了。这是人类第一次释放并控制了原子能。

1954 年，前苏联建成世界上第一座原子能发电站。该发电站利用浓缩铀作燃料，采用石墨水冷堆，电输出功率为 5000 千瓦。1956 年，英国也建成了原子能发电站。原子能发电站的发展并非一帆风顺，不少人对核电站的放射性污染问题感到忧虑和恐惧，因此出现了反核电运动。其实，在严格的科学管理之下，原子能是安全的能源。

1979 年 3 月，美国三里岛原子能发电站由于操作错误和设备失灵，造成了原子能开发史上空前未有的严重事故。然而，

费 米

由于反应堆的停堆系统、应急冷却系统和安全壳等安全措施发挥了作用，结果放射性物质泄漏量微乎其微，人和环境没有受到什么影响，充分说明了现代科技的发展已能保证原子能的安全利用。

根据用途，核反应堆可以分为以下六种类型：①将中子束用于实验或利用中子束的核反应堆，包括研究堆、材料实验等。②生产放射性同位素的核反应堆。③生产核裂变物质的核反应堆，称为生产堆。④提供取暖、海水淡化、化工等用的热量的核反应堆，比如多目的堆。⑤为发电而产生热量的核反应，称为发电堆。⑥用于推进船舶、飞机、火箭等的核反应堆，称为推进堆。核能主要用于发电，但它在其他方面也有广泛的应用，例如核能供热、核动力等。

核能供热是 20 世纪 80 年代才发展起来的一项新技术，这是一种经济、安全、清洁的热源，因而在世界上受到广泛重视。核供热的另一个潜在的大用途是海水淡化。在各种海水淡化方案中，采用核供热是经济性最好的一种。

在中东、北非地区，由于缺乏淡水，海水淡化的需求是很大的。

核能又是一种具有独特优越性的动力。因为它不需要空气助燃，可作为地下、水中和太空缺乏空气环境下的特殊动力；而且它耗料少、能量高，是一种一次装料后可以长时间供能的特殊动力。例如，它可作为火箭、宇宙飞船、人造卫星、潜艇、航空母舰等的特殊动力。将来核动力可能会用于星际航行。现在人类进行的太空探索，还局限于太阳系，故飞行器所需能量不大，用太阳能电池就可以了。如要到太阳系外其他星系探索，核动力恐怕是唯一的选择。

核动力推进，目前主要用于核潜艇、核动力航空母舰和核动力破冰船。由于核能的能量密度大、只需要少量核燃料就能运行很长时间，这在军事上有很大优越性。尤其是核裂变能的产生不需要氧气，故核潜艇可在水下长时间航行。正因为核动力推进有如

美国"企业"号核动力航空母舰

此大的优越性，故几十年来全世界已制造的用于舰船推进的核反应堆数目已达数百座，超过了核电站中的反应堆数目（当然其功率远小于核电站反应堆）。现在核动力航空母舰、核动力驱逐舰、核动力巡洋舰与核潜艇一起，已形成了一支强大的海上核力量。

核动力航空母舰具有高航速下续航力大的优点，它能长期保持55千米/小时以上的航速而无须担心燃料的消耗。它不但不需要补给燃料的后勤舰队，还比同等级常规航空母舰多携带一倍的航空燃料和武器，其续航力约为185万千米。世界上第一艘核动力航空母舰，是美国于1960年建造的"企业"号航空母舰。此外法国也拥有核动力航空母舰。

总之，由于核反应堆是一个巨大的中子源，因此是进行基础科学和应用科学研究的一种有效工具。目前其应用领域日益扩大，而且其应用潜力也很大，有待人们的进一步开发。

🔖 可燃冰的开发利用

◎ 可燃冰

谈到能源，人们立即想到的是能燃烧的煤、石油或天然气，而很少想到晶莹剔透的"冰"。然而，自 20 世纪 60 年代以来，人们陆续在冻土带和海洋深处发现了一种可以燃烧的"冰"。这种"可燃冰"在地质上称之为天然气水合物，又称"笼形包合物"。

可燃冰是天然气和水结合在一起的固体化合物，外形与冰相似。

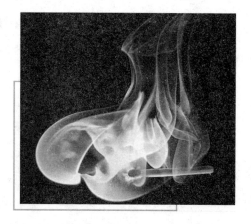

可燃冰

由于含有大量甲烷等可燃气体，因此极易燃烧。同等条件下，可燃冰燃烧产生的能量比煤、石油、天然气要多出数十倍，而且燃烧后不产生任何残渣和废气，避免了最让人们头疼的污染问题。科学家们如获至宝，把可燃冰称作"属于未来的能源"。

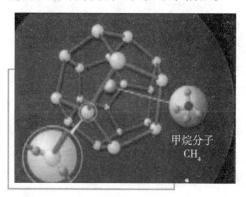

甲烷分子 CH_4

可燃冰结构

可燃冰一旦温度升高或压强降低，甲烷则会逸出，固体水合物便趋于分解。（1 立方米的可燃冰可在常温常压下释放 164 立方米的天然气及 0.8 立方米的淡水）所以固体状的天然气水合物往往分布于水深大于 300 米以上的海底沉积物或寒冷的永久冻土中。海底天然气水合物依赖巨厚水层的压力来维持其固体状态，其分布可以从海底到海底之下 1000 米的范围以内，再往深处则由于地温升高其固体状态遭到破坏而难以存在。

◎ 可燃冰的发现

早在 1778 年英国化学家普得斯特里就着手研究气体生成的气体水合物温度和压强。1934 年，人们在油气管道和加工设备中发现了冰状固体堵塞现象，这些固体不是冰，就是人们现在说的可燃冰。1965 年，前苏联科学家预言，天然气水合物可能存在海洋底部的地表层中，后来人们终于在北极地区的海底首次发现了大量的可燃冰。19 世纪 70 年代，美国地质工作者在海洋中钻探时，发现了一种看上去像普通干冰的东西，当它从海底被捞上来后，那些"冰"很快就成为冒着气泡的泥水，而那些气泡却意外地被点着了，这些气泡就是甲烷。据研究测试，这些像干冰一样的灰白色物质，是由天然气与水在高压低温条件下结晶形成的固态混合物。目前的科研考察结果表明，它仅存在于海底或陆地冻土带内。纯净的天然气水合物外观呈白色，形似冰雪，可以像固体酒精一样直接点燃，因此，人们通俗而形象地称其为"可燃冰"。

◎ 可燃冰储量及分布

天然气水合物在世界范围内广泛存在，这一点已得到广大研究者的公认。在地球上大约有 27% 的陆地是可以形成天然气水合物的潜在地区，而在世界大洋水域中约有 90% 的面积也属这样的潜在区域。已发现的天然气水合物主要存在于北极地区的永久冻土区和世界范围内的海底、陆坡、陆基及海沟中。由于采用的标准不同，不同机构对全世界天然气水合物储量的估计值差别很大。据某科研机构估计，永久冻土区天然气水合物资源量为 $1.4 \times 10^{13} \sim 3.4 \times 10^{16}$ 米^3，包括海洋天然气水合物在内的资源总量为 7.6×10^{18} 米^3。但是，大多数人认为储存在天然气水合物中的碳至少有

1×10^{13} 吨，约是当前已探明的所有化石燃料（包括煤、石油和天然气）中碳含量总和的 2 倍。由于天然气水合物的非渗透性，常常可以作为其下层游离天然气的封盖层。因而，加上天然气水合物下层的游离气体量这种估计还可能会大些。如果能证明这些估计属实，天然气水合物将成为一种未来丰富的重要能源。

根据专家预测，全球蕴藏的常规石油天然气资源消耗巨大，预计在四五十年之后就会枯竭。能源危机让人们忧心忡忡，而可燃冰就像是上天赐予人类的珍宝，它年复一年地积累，形成延伸数千乃至数万里的矿藏。仅仅是现在探明的可燃冰储量，就比全世界煤炭、石油和天然气加起来的储量还要多几倍。

海底天然气水合物作为 21 世纪的重要后续能源，其对人类生存环境及海底工程设施的灾害影响，正日益引起科学家们和世界各国政府的关注。20 世纪 60 年代开始的深海钻探计划和随后的大洋钻探计划在世界各大洋与海域有计划地进行了大量的深海钻探和海洋地质地球物理勘查，在多处海底直接或间接地发现了天然气水合物。到目前为止，世界上海底天然气水合物已发现的主要分布区是大西洋海域的墨西哥湾、加勒比海、南美洲东部陆缘、非洲西部陆缘等，西太平洋海域的白令海、鄂霍茨克海、千岛海沟、冲绳海槽、日本海、四国海槽、日本南海海槽、苏拉威西海和新西兰北部海域等，东太平洋海域的中美洲海槽、加利福尼亚滨外和秘鲁海槽等，印度洋的阿曼海湾，南极的罗斯海和威德尔海，北极的巴伦支海和波弗特海，以及大陆内的黑海与里海等。

科学家的评价结果表明，仅仅在海底区域，可燃冰的分布面积就达 4000 万平方千米，占地球海洋总面积的 1/4。目前，世界上已发现的可燃冰分布区多达 116 处，其矿层之厚、规模之大，是常规天然气田无法相比的。

◎ 我国的可燃冰情况

作为世界上最大的发展中的海洋大国，我国能源短缺十分突出。目前我国的油气资源供需差距很大，1993 年我国已从油气输出国转变为净进口国，1999 年进口石油 4000 多万吨，2000 年进口石油近 7000 万吨，预计 2010 年石油缺口可达 2 亿吨。因此急需开发新能源以满足中国经济的高速发展。海底天然气水合物资源丰富，其上游的勘探开采技术可借鉴常规油气，下游的天然气运输、使用等技术都很成熟。因此，加强天然气水合物调查评价是我国可持续发展战略的重要措施，也是开发我国 21 世纪新能源、改善能源结构、增强综合国力及国际竞争力、保证经济安全的重要途径。

2005 年 4 月，我国在北京举行中国地质博物馆收藏我国首次发现的天然气水合物碳酸盐岩标本仪式。它也宣布我国首次发现世界上规模最大被作为"可燃冰"即天然气水合物存在重要证据的碳酸盐岩分布区，其面积约为 430 平方千米。

"太阳"号科学考察船

该分布区为中德双方联合在我国南海北部陆坡执行"太阳"号科学考察船合作开展的南海天然气水合物调查中首次发现。碳酸盐岩的形成被认为与海底天然气水合物系统和生活在"冷泉"喷口附近的化能生物群落的活动有关。此次科考期间，科学家们发现了大量的自生碳酸盐岩，其水深范围分别为 550～650 米和 750～800 米，海底电视观察和电视抓斗取样发现海底有大量的管状、烟囱状、面包圈状、板状和块状的自生碳酸盐岩产出，它们或孤立地躺在海底上，或从沉积物里突兀地伸出来，来自喷口的双壳类生物壳体呈斑状散布其间，巨大碳酸盐岩建造体在海底屹立，其特征与哥斯达黎加边缘海和美国俄勒岗外海所发现的"化学礁"类似，而规模却更大。

2009 年 9 月，中国地质部门公布，在青藏高原发现可燃冰，使中国成为加拿大、美国之后，在陆域上通过国家计划钻探发现可燃冰的第三个国家。初略估算，远景资源量至少有 350 亿吨。

◎ 可燃冰的开采与灾害

1960 年，前苏联在西伯利亚发现了可燃冰，并于 1969 年投入开发；美国于 1969 年开始实施可燃冰调查，1998 年把可燃冰作为国家发展的战略能源列入国家级长远计划；日本开始关注可燃冰是在 1992 年，目前已基本完成周边海域的可燃冰调查与评价。但最先挖出可燃冰的是德国。

从 2000 年开始，可燃冰的研究与勘探进入高峰期。世界上至少有 30 多个国家和地区参与其中。这些国家和地区中以美国的计划最为完善——总统科学技术委员会建议研究开发可燃冰，参、众两院有许多人提出议案，支持可燃冰开发研究。美国目前每年用于可燃冰研究的财政拨款达上千万美元。

为开发这种新能源，国际上成立了由 19 个国家参与的地层深处海洋地质取样研究联合机构，有约 50 位科技人员驾驶着一艘装备有先进实验设施的轮船从美国东海岸出发进行海底可燃冰勘探。这艘可燃冰勘探专用轮船的 7 层船舱都装备着先进的实验设备，是当今世界上唯一的一艘能从深海岩石中取样的轮船，船上装备有能用于研究沉积层学、古人种学、岩石学、地球化学、地球物理学等的实验设备。这艘专用轮船由得克萨斯州的一所大学主管，英、德、法、日、澳等国科学基金会及欧洲联合科学基金会为其提供经济援助。

天然可燃冰呈固态，不会像石油开采那样自喷流出。如果把它从海底一块块搬出，在从海底到海面的运送过程中，甲烷就会挥发殆尽，同时还会给大气造成巨大危害。为了获取这种清洁能源，世界上许多国家都在研究天然可燃冰的开采方法。科学家们认为，一旦开采技术获得突破性进展，那么可燃冰立刻会成为 21 世纪的主要能源。

相反，如果开采不当，后果绝对是灾难性的。在导致全球气候变暖方面，甲烷所起的作用比二氧化碳要大 20 倍；而可燃冰矿藏哪怕受到最小的破坏，都足以导致甲烷气体的大量泄漏，从而引起强烈的温室效应。另外，陆缘海边的可燃冰开采起来十分困难，一旦出了井喷事故，就会造成海啸、海底滑坡、海水毒化等灾害。所以，可燃冰的开发利用就像一柄"双刃剑"，需要小心对待。

新材料领域

　　新材料作为高新技术的基础和先导，应用范围极其广泛，它同信息技术、生物技术一起成为21世纪最重要和最具发展潜力的领域。同传统材料一样，新材料可以从结构组成、功能和应用领域等多种不同角度对其进行分类，不同的分类之间相互交叉、相互渗透。目前，一般按应用领域和当今的研究热点把新材料分为以下的主要领域：电子信息材料、新能源材料、纳米材料、先进复合材料、激光材料、光纤材料、超导材料等。

　　本章就将带您进入新材料领域，让您感受到新材料的魅力。

纳米材料

一般把结构单元的尺寸介于 1 ～ 100 纳米的材料称为纳米材料。

现代的纳米材料是近几十年才发展起来的。它起源于一个科学家在国外旅游中产生的联想。

那是 1980 年的一天，一位叫格莱特的德国物理学家到澳大利亚旅游，当他独自驾车横穿澳大利亚的大沙漠时，空旷、寂寞和孤独的环境反而使他的思维特别活跃和敏锐。他长期从事晶体材料的研究，知道晶体中的晶粒大小对材料性能有极大

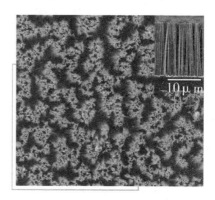

10μm

纳米材料

影响，晶粒越小材料的强度就越高。这个道理其实不难理解，就说面粉吧，精细的面粉和出的面就特别"筋道"，能拉出细如发丝的龙须面，用普通面粉就不成。

格莱特一面在空旷的沙漠中开车，一面展开了无边无际的遐想。他想，如果组成材料的晶粒细到只有几个纳米那么大，材料会是什么样子呢？或许会发生天翻地覆的变化吧？在异国他乡旅行中冒出来的这个新想法使他兴奋不已。回国后他立即开始试验，经过近 4 年的努力，他终于在 1984 年得到了只有几个纳米大的超细粉末，而且他发现任何金属和无机或有机材料都可以制成纳米大小的超细粉末。更有趣的是，一旦变成纳米大小的粉末，无论是金属还是陶瓷，从颜色上看都是黑的，但其性能还真的发生了天翻地覆的变化。从此，由德国到美国，一大批科学家都着了迷似的研究起纳米材料来。

纳米材料大致可分为纳米粉末、纳米纤维、纳米膜、纳米块体等四

类。其中纳米粉末开发时间最长、技术最为成熟，是生产其他三类产品的基础。

◎ 纳米粉末

纳米粉末又被称为超微粉或超细粉，一般指粒度在 100 纳米以下的粉末或颗粒，是一种介于原子、分子与宏观物体之间处于中间物态的固体颗粒材料。它可用于高密度磁记录材料、吸波隐身材料、磁流体材料、防辐射材料、单晶硅和精密光学器件抛光材料、微芯片导热基片与布线材料、微电子封装材料、光电子材料、先进的电池电极材料、太阳能电池材料、高效催化剂、高效助燃剂、敏感元件、高韧性陶瓷材料（一种摔不裂的陶瓷，用于陶瓷发动机等）、人体修复材料和抗癌制剂等。

◎ 纳米纤维

纳米纤维指直径为纳米尺度而长度较大的线状材料。它可用于微导线材料、微光纤（未来量子计算机与光子计算机的重要元件）材料、新型激光材料或发光二极管材料等。

◎ 纳米膜

纳米膜分为颗粒膜与致密膜。颗粒膜是纳米颗粒粘在一起，中间有极为细小的间隙的薄膜。致密膜指膜层致密但晶粒尺寸为纳米级的薄膜。纳米膜可用于气体催化（如汽车尾气处理）材料、过滤器材料、高密度磁记录材料、光敏材料、平面显示器材料、超导材料等。

◎ 纳米块体

纳米块体是将纳米粉末高压成型或控制金属液体结晶而得到的纳米晶粒材料。它主要用于超高强度材料、智能金属材料等。

对纳米体材料，我们可以用"更轻、更高、更强"这六个字来概括。"更轻"是指借助于纳米材料和技术，我们可以制备体积更小、性能不变甚至更好的器件，减小器件的体积，使其更轻盈。第一台计算机需要三间房子来存放，而现代计算机正是借助于微米级的半导体制造技术，才实现了其小型化，并普及了计算机。从能量和资源利用来看，这种"小型化"的效益都是十分惊人的。"更高"是指纳米材料可望有着更高的光、电、磁、热性

纳米材料环保漆

能。"更强"是指纳米材料有着更强的力学性能（如强度和韧性等），对纳米陶瓷来说，纳米化可望解决陶瓷的脆性问题，并可能表现出与金属等材料类似的塑性。

◎ 纳米材料的应用

医药

使用纳米技术能使药品生产过程越来越精细，并在纳米材料的尺度上直接利用原子、分子的排列来制造具有特定功能的药品。纳米材料粒子将使药物在人体内的传输更为方便，用数层纳米粒子包裹的智能药物进入人体后可主动搜索并攻击癌细胞或修补损伤组织。使用纳米技术的新型诊断仪器只需检测少量血液，就能通过其中的蛋白质和 DNA 诊断出各种疾病。

家电

用纳米材料制成的多功能塑料，具有抗菌、除味、防腐、抗老化、抗紫外线等作用，可用作电冰箱、空调外壳里的抗菌除味塑料。

知识小链接

硬　盘

　　硬盘是电脑主要的存储媒介之一，由一个或者多个铝制或者玻璃制的碟片组成。这些碟片外层覆盖有铁磁性材料。绝大多数硬盘都是固定硬盘，被永久性地密封固定在硬盘驱动器中。

电子计算机和电子工业

　　如果采用纳米技术来构筑电子计算机的器件，那么这种未来的计算机将是一种"分子计算机"，其袖珍的程度远非今天的计算机可比，而且在节约材料和能源上也将给社会带来十分可观的效益。

环境保护

　　环境科学领域将出现功能独特的纳米膜。这种膜能够探测到由化学和生物制剂造成的污染，并能够对这些制剂进行过滤，从而消除污染。

纺织工业

　　在合成纤维树脂中添加纳米材料，经抽丝、织布，可制成杀菌、防霉、除臭和抗紫外线辐射的内衣和服装，可用于制造抗菌用品，可制得满足国防工业要求的抗紫外线辐射的功能纤维。

机械工业

　　采用纳米材料技术对机械关键零部件进行金属表面纳米粉涂层处理，可以提高机械设备的耐磨性、硬度和使用寿命。

▶ 光纤材料

光纤是光导纤维的简称，是一种利用光在玻璃或塑料制成的纤维中的全反射原理而制成的光传导工具。

1870 年的一天，英国物理学家丁达尔到皇家学会的演讲厅讲光的全反射原理，他做了一个简单的实验：在装满水的木桶上钻个孔，然后用灯从桶上边把水照亮。结果使观众们大吃一惊。人们看到，放光的水从水桶的小孔里流了出来，水流弯曲，光线也跟着弯曲，光居然被弯弯曲曲的水俘获了。

人们曾经发现，光能沿着从酒桶中流出的酒进行传输；人们还发现，光能顺着弯曲的玻璃棒前进。这是为什么呢？难道光线不再沿直线前进了吗？这些现象引起了丁达尔的注意，经过他的研究，发现这是全反射的作用，即光从水中射向空气，当入射角大于某一角度时，折射光线消失，全部光线都反射回水中。表面上看，光好像在水流中弯曲前进。实际上，在弯曲的水流里，光仍沿直线传播，只不过在表面上发生了多次全反射，光线经过多次全反射向前传播。

后来人们造出一种透明度很高、粗细像蜘蛛丝一样的玻璃丝——玻璃纤维，当光线以合适的角度射入玻璃纤维时，光就沿着弯弯曲曲的玻璃纤维前进。由于这种纤维能够用来传输光线，所以称它为光导纤维。

光导纤维可以用在通信技术里。1979 年 9 月，一条长 3.3 千米的光缆通信系统在北京建成，几年后上海、天津、武汉等地也相继铺设了光缆线路，利用光导纤维进行通信。

利用光导纤维进行的通信叫光纤通信。一对金属电话线至多只能同时传送 1000 多路电话，而根据理论计算，一对细如蛛丝的光导纤维可以同时通 100 亿路电话！铺设 1000 千米的同轴电缆大约需要 500 吨铜，改用光纤通信只需几千克石英就可以了。沙石中就含有石英，几乎是取之不尽的。

光纤是光纤灯照明系统中的主体，光纤的作用是将光传送或发射到预定地方。光纤分为端发光和体发光两种。前者就是光束传到端点后，通过尾灯进行照明，而后者本身就是发光体，形成一根柔性光柱。

光纤灯

另外，利用光导纤维制成的内窥镜，可以帮助医生检查胃、食道、十二指肠等的疾病。光导纤维胃镜是由上千根玻璃纤维组成的软管，它有输送光线、传导图像的本领，又有柔软、灵活，可以任意弯曲等优点，可以通过食道插入胃里。光导纤维把胃里的图像传出来，医生就可以窥见胃里的情形，然后根据情况进行诊断和治疗。

光纤传输的突出优点：①频带宽；②损耗低；③重量轻；④抗干扰能力强；⑤保真度高；⑥工作性能可靠；⑦成本不断下降。

◨ 激光材料

激光材料是指把各种泵浦（电、光、射线）能量转换成激光的材料。激光材料主要是凝聚态物质，以固体激光物质为主。固体激光材料分为两类：一类是以电激励为主的半导体激光材料，一般采用异质结构，由半导体薄膜组成，用外延方法和气相沉积方法制得。根据激光波长的不同，采用不同的半导体材料。例如，在中红外区域通常以Ⅳ—Ⅵ族化合物半导体为主。另一类是通过分立发光中心吸收光泵能量后转换成激光输出的发光材料。这类材料以固体电介质为基质，分为晶体和非晶态玻璃两种。激光晶体中的激活离子处于有序结构的晶格中，玻璃中的激活离子处于无序结构的网络中。常用的这类激光材料以氧化物和氟化物为主，如硅酸盐玻璃、磷酸盐玻璃、氟化物玻璃、氧化铝晶体、钇铝石榴石晶体、氟化钇锂等。氧化物材料具有良好的物理性质，如高的硬度、高的机械强度和良好的化学稳定性；氟化物材料具有低的声子频率、宽的光谱透过范围和高的发光量子效率。

你知道吗

声 子

声子是一种非真实的准粒子，是用来描述晶格振动规律的一种能量量子。声子并不是一个真正的粒子，声子可以产生和消灭，有相互作用的声子数不守恒，声子动量的守恒定律也不同于一般的粒子，并且声子不能脱离固体存在。声子的化学势为零，属于玻色子，服从玻色－爱因斯坦统计。声子本身并不具有物理动量，但是携带有准动量，并具有能量。

中国的激光产业正在飞速发展，根据我国的工业发展水平和激光材料加工的应用状况，中国的工业激光市场应该在全球占据着重要地位，但统计资料表明，中国的激光加工市场，不到全球激光产业市场的 1%，存在着巨大的差距。

在世界上第一台红宝石激光器出现的第二年，中国就研究出了自己的红宝石激光器，此后短短几年内，激光技术迅速发展，产生了一批先进成果，各种类型的固体、气体、半导体和化学激光器相继研制成功。在基础研究和关键技术方面，一系列新概念、新方法和新技术（如腔的 Q 突变及转镜调 Q、行波放大、铼系离子的利用、自由电子振荡辐射等）纷纷提出并获得实施，其中不少具有独创性。同时，作为具有高亮度、高方向性、高质量等优异特性的新光源，激光很快被应用于各技术领域，并显示出强大的生命力和竞争力。体现激光材料加工发展水平的有三个方面的因素：第一是激光器技术，即应用于激光材料加工的激光器件技术；第二是激光设备加工的机械、控制系统等，即激光加工设备；第三是激光加工工艺水平。

红宝石激光器

目前，激光材料加工已经在中国成为一个新兴产业，也是一个前景广阔的行业，已经为中国的工业发展做出巨大的贡献。

◆ 超导材料

超导材料是指具有在一定的低温条件下呈现出电阻等于零以及排斥磁力线的性质的材料。现已发现有 28 种元素和几千种合金和化合物可以成为超导体。

超导材料和常规导电材料的性能有很大的不同。它主要有以下性能：

1. 零电阻性。超导材料处于超导态时电阻为零，能够无损耗地传输电能。如果用磁场在超导环中引发感生电流，这一电流可以毫不衰减地维持下去。这种"持续电流"已多次在实验中被观察到。

2. 完全抗磁性。超导材料处于超导态时，只要外加磁场不超过一定值，磁力线不能透入，超导材料内的磁场恒为零。

3. 约瑟夫森效应。两个超导材料之间有一薄绝缘层（厚度约 1 纳米）而形成低电阻连接时，会有电子对穿过绝缘层形成电流，而绝缘层两侧没有电压，即绝缘层也成了超导体。当电流超过一定值后，绝缘层两侧出现电压，同时，直流电流变成高频交流电，并向外辐射电磁波，其频率与电压成反比。这些特性构成了超导材料在科学技术领域越来越引人注目的各类应用的依据。

超导材料按其化学成分可分为元素材料、合金材料、化合物材料和超导陶瓷。20 世纪 80 年代初，米勒和贝德诺尔茨开始注意到某些氧化物陶瓷材料可能有超导电性，他们的小组对一些材料进行了试验，于 1986 年在镧－钡－铜－氧化物中发现了临界超导温度为 35 开的超导电性。1987 年，中国、美国、日本等国科学家在钡－钇－铜氧化物中发现镝处于液氮温区有超导电性，使超导陶瓷成为极有发展前景的超导材料。

超导材料具有的优异特性使它从被发现之日起，就向人类展示了诱人的应用前景。但要实际应用超导材料又受到一系列因素的制约，首先是它的临界参量，其次还有材料制作的工艺等问题。到 20 世纪 80 年代，超导材料的应用主要有：

1. 利用材料的超导电性可制作磁体，应用于电机、高能粒子加速器、磁悬浮运输、受控热核反应、储能等；可制作电力电缆，用于大容量输电（功率可达 10000 兆瓦）；可制作通信电缆和天线，其性能优于常规材料。

2. 利用材料的完全抗磁性可制作无摩擦陀螺仪和轴承。

3. 利用约瑟夫森效应可制作一系列精密测量仪表以及辐射探测器、微波发生器、逻辑元件等。利用约瑟夫森结制作计算机的逻辑和存储元件，其运算速度比高性能集成电路的快 10～20 倍，功耗只有 1/4。

超导陶瓷是具有超导性的陶瓷材料，其主要特性是在一定临界温度下电阻为零即所谓零阻现象。在磁场中其磁感应强度为零，即抗磁现象或称迈斯纳效应。高临界温度（90 开以上）的超导陶瓷材料组成有 $Bi_2Sr_2Ca_2Cu_3O_{10}$、$Tl_2Ba_2Ca_2Cu_3O_{10}$ 等。超导陶瓷在诸如磁悬浮列车、无电阻损耗的输电线路、超导电机、超导探测器、超导天线、悬浮轴承、超导陀螺以及超导计算机等强电和弱电方面有广泛的应用前景。

1973 年，人们发现了超导合金——铌锗合金，其临界超导温度为 23.2 开，该纪录保持了 13 年。1986 年，设在瑞士苏黎世的美国 IBM 公司的研究中心报道了一种氧化物（镧－钡－铜－氧化物）具有 35 开的高温超导性，打破了传统"氧化物陶瓷是绝缘体"的观念，引起世界科学界的轰动。此后，科学家们争分夺秒地攻关，几乎每隔几天，就有新的研究成果出现。

1986 年底，美国贝尔实验室研究的氧化物超导材料，其临界超导温度达到 40 开，液氢的"温度壁垒"（40 开）被跨越。1987 年 2 月，美国华裔科学家朱经武和中国科学家赵忠贤相继在钇－钡－铜－氧系材料上把临界超导温度提高到 90 开以上，液氮的禁区（77 开）也奇迹般地被突破了。1987 年底，铊－钡－钙－铜－氧系材料又把临界超导温度的纪录提高到 125 开。在短短一年多的时间里，临界超导温度竟然提高了 100 开以上，这在材料发展史，乃至科技发展史上都堪称是一大奇迹！

高温超导材料的不断问世，为超导材料从实验室走向应用铺平了道路。

海洋技术领域

海洋作为地球上最大的一个地理单元，以它的广博和富饶影响滋养着一代又一代的人类。在对海洋不断探索、研究和认知的同时，海洋的资源及其价值逐步被人们认识和重视。

海洋环境与生态的研究是人类维持自身的生存与发展，拓展生存空间最为切实可行的途径。海洋开发，需要获取大量的、精确的海洋环境数据，需要进行海底勘探、取样、水下施工等。要完成上述任务，需要一系列的海洋开发支撑技术，包括深海探测、深潜、海洋遥感、海洋导航等。

本章重点地向您介绍海洋技术的领域！带您一起探索深海中的技术。

现代海军"舰艇家族"主要成员

　　"舰"——战船,"艇"——轻便的小船,这是字典中对于"舰"和"艇"的解释。而在海军阵列中,各式各样的舰艇功能特性多样,任务分工不同,区分绝没有这样简单。下面在这里将向您介绍一下现代海军"舰艇家族"的主要成员,其中将向您重点介绍"海上霸王"——航空母舰。

◎ "海上多面手" ——驱逐舰

　　驱逐舰被称为"海上多面手",是一种具有多种作战能力的中型水面战斗舰艇。它以导弹、鱼雷、舰炮为主要武器,用于攻击潜艇和水面舰艇、舰艇编队防空、反潜以及护航、侦察、巡逻、警戒、布雷、袭击岸上目标、支援和掩护登陆等

驱逐舰

作战任务,是现代海军用途最广泛的舰艇。

　　我国052C导弹驱逐舰,首舰于2003年4月29日下水。052C导弹驱逐舰是中国海军舰艇史上的一个飞跃,垂直发射系统、相控阵雷达等的装备实为历史性的突破,被誉为"中华神盾"。

◎ "海疆卫士" ——护卫舰

　　护卫舰是在吨位和火力上均小于驱逐舰的一种水面战舰,又叫作护航舰。它是一种以导弹、舰炮和反潜鱼雷为主要武器的轻型水面战斗舰艇,主要用于舰艇编队护航、反潜、巡逻、警戒、侦察、支援登陆和保障陆军濒海翼侧等作战任务。

现代护卫舰已经是一种能够在远洋机动作战的中型舰艇，满载排水量一般为 2000～4000 吨，航速 55～65 千米/小时，续航力 7400～14000 千米。它已成为吨位在 600 吨以上各类舰种中数量最多的一种舰艇。

◎ "抢滩骁将" ——登陆舰

登陆舰是用来运送登陆部队及其武器装备和物资在岸滩直接登陆的登陆作战舰艇。按排水量可以将登陆舰分为大型登陆舰和中型登陆舰。登陆舰具有吃水较浅、船首肥钝、船底平坦、船宽较大及有龙骨设计斜度等特点，主要用于抢滩登陆，有的还能在登陆过程中进行指挥和火力支援，最为典型的是坦克登陆舰和船坞登陆舰。

登陆舰

现代登陆舰的满载排水量一般在万吨左右，航速 30～40 千米/小时，可载 10～22 艘各类登陆艇或 20～80 辆两栖车辆。有的登陆舰还设有直升机平台，可以载运直升机数架，实施机降登陆作战。

◎ "水下幽灵" ——潜艇

潜艇也叫潜水艇，是一种能潜入水下活动和作战的舰艇。它能在水下发射导弹、鱼雷和布设水雷，主要用于对陆上战略目标实施袭击，摧毁敌方军事、政治、经济中心；消灭运输舰船，破坏敌方海上交通线；攻击大中型水面舰艇和潜艇；以及布雷、侦察、运输、援救和遣送特种人员登陆等。

潜艇能利用水层掩护进行隐蔽活动和对敌方实施突然袭击，有较大的自持力、续航力和作战半径，可以远离基地，在较长时间和较大海洋区域以至深入敌方海区独立作战，有较强的突击能力，但自卫能力和通信能力较为受限。

最早的潜艇诞生于 18 世纪 70 年代的美国，由单人操纵，可潜至水下 6

米，停留约 30 分钟。第一次世界大战中，潜艇投入作战，受到各国海军的重视。第二次世界大战期间，潜艇排水量增加到 2000 余吨，下潜深度达到 200 米，得到更广泛的应用。第二次世界大战后的潜艇发展进入一个新阶段，出现了核动力和装配战略导弹的潜艇，下潜深度达到 900 米。

目前，国外许多军事专家认为，在可预见的将来，距离海岸 500 海里以内的浅海区域将成为主要水下战场之一。因此，世界上一些海军强国已在开发适合浅海作战的小型潜艇，争夺浅海区控制权。

潜　艇

浅海潜艇因其目标小、噪声低、易于接近目标而不易被敌发现，适于在近海、狭窄海域或浅水海区执行一些特种任务，如破坏敌方海上交通运输线、输送特种侦察队员登陆、对敌岸上基地或锚泊舰船进行袭击、爆破等。

在美国，用于浅海作战的"弗吉尼亚"级新一代多用途核潜艇已从 2004 年开始列装，该级潜艇也可以在深海水域执行作战任务，但其主要是为浅海作战设计的。

基本小知识

噪 声

影响人们工作、学习、休息的声音都称为噪声。对噪声的感受因每个人的感觉、习惯等而不同，因此噪声有时是一个主观的感受。

如今，浅海潜艇已经成为海上特种作战部队的重要装备，特种部队必备"利器"。美国为保护自己的海岸线免遭来自水里的威胁，其海军"海豹突击队"等特种作战部队就装备有浅海微型潜艇。作为老牌的海军特种部队，水下作战和水下渗透仍然是它最擅长的作战方式，拥有体系完善的、代表着当今最高技术水平的水下作战装备是"海豹"输送艇。

拓展思考

惯　性

当你踢到球时，球就开始运动，由于惯性，它将不停地滚动，直到被外力所制止。一切物体在没有受到外力作用的时候，总保持匀速直线运动状态或者静止状态。惯性就是物体保持原来运动状态的一种作用，不论这种运动状态是静止还是平动，或是转动。所有的物体都是有惯性的，其大小只与物体的质量有关。

"海豹"输送艇是一艘电动的微型潜艇，外形很像一支巨大的雪茄。它主要由动力系统、操纵系统、电源和供氧系统组成。但它看似简单的结构却包含了先进的技术和设计思想："海豹"输送艇在研制过程中，必须解决电源的功率、电路系统的水下密封、人员的水下供氧、水下导航以及与潜艇的对接等问题，同时还必须考虑到人员的舒适、武器装备的携带等细节。其中数量最多的Mk－8型，长约 6.7 米，直径约 1.8 米，使用电力推进，水下航速约 12 千米/小时，最大航程约为 111 千米，乘员 2 人，载员 4 人，正好可以运载一个全副武装的"海豹"战斗小组。

Mk－8 型具有先进的罗盘和惯性导航系统，部分还安装了水下 GPS 接收机，使水下导航与定位更加精确。它既能由军舰运送，也能由核潜艇搭载，还可以由运输机输送，使用相当灵活。

现代意义上的浅海潜艇的故乡在意大利，诞生于第一次世界大战中。早在 90 多年前，意大利就曾用微型潜艇穿越过戒备森严的水下防护网，偷袭南斯拉夫的普拉港，将停泊在港内的奥地利战舰"乌尼其斯"号炸沉。那是 1918 年一个黑幕笼罩的夜晚，普拉港万籁俱寂。透过点点微光，隐约可见一个个头不大、形似雪茄的黑色"怪物"，借助雨幕时而下潜、时而缓进、时而加速，很快便越过多道防护网，径直驶向奥地利"乌尼其斯"号战舰。半个多小时后，只听港内一声巨响，顿时火光冲天，战舰爆炸迸飞，不久便葬身海底。这就是意大利海军首创用微型潜艇打大舰的历史纪录。这艘微型潜艇长仅 7 米，挂有 2 块炸药，由于首次炸沉大舰，遂成为此后相当长时间里各国海军发展微型潜艇竞相模仿的"样板"。

◎ "海上霸王" —— 航空母舰

航空母舰简介

航空母舰，简称"航母""空母"，是一种可以供军用飞机起飞和降落的军舰。

航空母舰是一种以舰载机为主要作战武器的大型水面舰艇。现代航空母舰及舰载机已成为高技术密集的军事系统工程。

航空母舰

航空母舰一般总是一支航空母舰舰队中的核心舰船，有时还作为航空母舰舰队的旗舰。该舰队中的其他船只为它提供保护和供给。一般航空母舰舰队会配备 1~2 艘潜艇、护卫舰、驱逐舰以及补给舰。驱逐舰或航空母舰上搭载反潜直升机、预警机、电子侦察机等。依靠航空母舰舰队，一个国家可以在远离其国土的地方、不依靠当地的机场情况施加军事压力和进行作战。

航空母舰按其所担负的任务分，有攻击航空母舰、反潜航空母舰、护航航空母舰和多用途航空母舰；按其舰载机性能又分为固定翼飞机航空母舰和直升机航空母舰，前者

"里根"号航空母舰

可以搭乘和起降包括传统起降方式的固定翼飞机和直升机在内的各种飞机，而后者则只能起降直升机或是可以垂直起降的固定翼飞机；按吨位分，有超级航空母舰（满载排水量 9 万吨以上，美军核动力航空母舰均为超级航空母舰）、大型航空母舰（满载排水量 6 万~9 万吨）、中型航空母舰（满载排水量 3 万~6 万吨）和小型航空母舰（满载排水量 3 万吨以下）；按动力分，有常规动力航空母舰和核动力航空母舰。

美国"布什"号超级航空母舰

发展简史

1. 启蒙年代到第一次世界大战。第一个从一条停泊的船只上起飞的飞行员是美国人尤金·伊利，他于 1910 年 11 月 14 日驾驶一驾"柯蒂斯"双翼机从美国海军"伯明翰"号轻巡洋舰上起飞。1911 年 1 月 18 日，他成功地降落在"宾夕法尼亚"号装甲巡洋舰上长 31 米、宽 10 米的木制改装滑行台上，成为第一个在一艘停泊的船只——"宾夕法尼亚"号巡洋舰上降落的飞行员。

知识小链接

海 军

　　海军指的是一个国家对海上军事和防御的全部军事组织，包括船只、人员和海军机构。在海上作战的军队，通常由水面舰艇、潜艇、海军航空兵、海军陆战队等兵种及各专业部队组成。

英国人查尔斯·萨姆森是第一个从一艘航行的船只上起飞的飞行员。1912 年 5 月 2 日，他从一艘行驶的战舰上起飞。

第一艘为飞机同时进行起降作业提供跑道的船只是英国"暴怒"号巡洋舰，它于1918年4月完成改造。在舰体中部上层建筑前半部铺设70米长的飞行甲板用于飞机起飞，后部加装了87米长的飞行甲板，安装简单的降落拦阻装置用于飞机降落。第一艘安装全通飞行甲板的航空母舰是由一艘客轮改建的英国的"百眼巨人"号航空母舰，它的改造在1918年9月完成。该航空母舰飞行甲板长168米。甲板下是机库，有多部升降机可将飞机升至甲板上。1918年7月19日，七架飞机从"暴怒"号航空母舰上起飞，攻击德国停泊在同德恩的飞艇基地，这是第一次从母舰上起飞进行的攻击。

英国"暴怒"号巡洋舰

1917年，英国按照航空母舰标准全新设计建造了"竞技神"号航空母舰（又译作"赫尔姆斯"号），第一次使用了舰桥、桅杆、烟囱等在飞行甲板右舷的岛状上层建筑。第一艘服役从一开始就作为航空母舰设计的船只是日本的"凤翔"号航空母舰，1922年12月开始服役。从此，全通式飞行甲板、上层建筑岛式结构的航空母舰，成为各国航空母舰的样板。

"兰利"号航空母舰

美国第一艘航空母舰是1922年3月22日正式启用的"兰利"号。"兰利"号航空母舰并不是一开始就以航空母舰为用途所建造的舰艇，其前身是1913年下水的"木星"号补给舰，美国海军看上它载运煤炭用的腹舱容量充足，因此将其改装为航空母舰。

2. 第一次到第二次世界大战期间。第一次世界大战结束后，1922年各海军强国签署的《华盛顿海军条约》严格控制了战舰建造，但条约准许各缔约国利用部分停建的战舰改建航空母舰。

1930 年，英国建造的"皇家方舟"号航空母舰采用了全封闭式机库、一体化的岛式上层建筑、强力飞行甲板、液压式弹射器，被誉为"现代航空母舰的原型"。1936 年，《华盛顿海军条约》期满失效，海军列强又展开了新一轮军备竞赛。美国的约克城级航空母舰、日本的翔鹤级航空母舰、英国光辉级航空母舰，是这一时期的杰作。

航空母舰在第二次世界大战中首度被广泛地运用。它是一座浮动式的小航空站，携带着战斗机以及轰炸机远离国土，来执行攻击敌人目标的任务。这使得航空母舰可以由空中来攻击陆地以及海上的目标，尤其是那些远远超过一般武器射程之外的目标。由航空母舰上起飞的飞机的战斗半径一直不断地在改变海军的战斗理论，敌对的舰队现在必须在看不到对方舰船的情况下，互相进行远距离的战斗。这彻底终结了战列舰为海上最强军舰的优势地位。

航空母舰在战争中初建功勋是在 1940 年 11 月 11 日，英国海军的"光辉"号航空母舰出动鱼雷轰炸机击沉、击毁了塔兰托港内的 3 艘意大利战列舰。

你知道吗

偷袭珍珠港

偷袭珍珠港是指由日本政府策划的一起偷袭美国军事基地的事件。1941 年 12 月 7 日清晨，日本海军的航空母舰舰载飞机和微型潜艇突然袭击美国海军太平洋舰队在夏威夷基地珍珠港以及美国陆军和海军在欧胡岛上的飞机场，太平洋战争由此爆发。这次袭击最终将美国卷入第二次世界大战。这个事件也被称为珍珠港事件。

在第二次世界大战中，航空母舰在太平洋战争的战场上起了决定性作用，从日本海军航空母舰编队偷袭珍珠港，到双方舰队自始至终没有见面的珊瑚海海战，再到运用航空母舰编队进行海上决战的中途岛海战，从此航空母舰取代战列舰成为现代远洋舰队的主干。

3. 现代航空母舰。第二次世界大战结束后出现的斜角飞行甲板、蒸汽弹射器、助降瞄准镜，提高了舰载重型喷气式飞机的使用效率和安全性。高性能喷气式飞机得以搭载到现代化的航空母舰上。航空母舰排水量越来越大，美国福莱斯特级航空母舰是第一艘专为搭载喷气式飞机而建造的航空母舰。

美国在1961年11月25日建成服役的"企业"号航空母舰是世界上第一艘用核动力推动的航空母舰。采用核动力的最大好处是提高了续航能力。核动力燃料更换一次可连续航行数十万千米，使航空母舰具备了近乎无限的机动能力，消除了常规动力航空母舰大型烟囱对飞行作业的影响。从此美国海军建造了一系列排水量80000吨的尼米兹级航空母舰。

"企业"号航空母舰

广角镜

波斯湾的地理位置

波斯湾位于阿拉伯半岛和伊朗高原之间。它西北起阿拉伯河河口，东南至霍尔木兹海峡，长约990千米，宽56～338千米，面积24万平方千米。波斯湾呈狭长形，西北－东南走向。伊朗沿岸，南段为山地，岸线平直，海岸陡峭；北段为狭长的海岸平原，岸线较曲折，多小港湾。

英国财力衰弱使皇家海军无力拥有大型航空母舰，英国无敌级航空母舰很像第二次世界大战中的小型护航航空母舰，采用滑跳甲板，垂直短距起降飞机。在1982年英国与阿根廷的马尔维纳斯群岛争端中，英国依靠它在远离本土约12000千米的地方取得胜利。前苏联采用垂直起降飞机的基辅级航空母舰则装有重型武器装备。前苏联最终建成的"库兹涅佐夫"号航空母舰采用滑跳甲板避免了安装复杂的弹射装置。

在波斯湾、阿富汗和太平洋地区美国利用它的航空母舰舰队维持它的利益。在1991年海湾战争和2003年美军占领伊拉克的过程中，美国尽管在中东没有足够的陆上机场，依然能够利用其航空母舰战斗群进行主要攻击。

21世纪初，世界上所有航空母舰一共约可以装载1250架飞机，其中美国的载机数超过1000架。英国和法国正在扩大其载机量，法国建造了"戴高乐"号航空母舰，英国也正在建造"伊丽莎白女王"号航空母舰。

航空母舰的起飞技术

固定翼飞行器从航空母舰起飞的方式可以分为三种。

第一种是蒸汽弹射起飞，使用一个平的甲板作为飞机跑道。起飞时一个蒸汽驱动的弹射装置带动飞机在两秒钟内达到起飞速度。目前只有美国具备生产这种蒸气弹射器的成熟技术。蒸汽弹射有两种弹射方式，一种是前轮弹射，一种是拖索式弹射。

蒸汽弹射起飞

垂直起降

第二种是斜板滑跳起飞。有些航空母舰在其甲板前端有一个跳台帮助飞机起飞。飞机在起飞的时候以自己的动力经由跳台的协助跳上空中。这种起飞方式不需要复杂的弹射装置，但是飞机起飞时的重量以及起飞的效率不如弹射。英国、印度和俄罗斯的一些航空母舰便采用这种技术。

第三种是垂直起降。垂直起降技术顾名思义就是飞机不需要滑跑就可以起飞和着陆的技术。它是从20世纪50年代末期开始发展的一项航空技术。英国、美国、俄罗斯的一些航空母舰采用这种技术。

滑跳式起飞

除此以外，电磁弹射器是正在研究中的下一代飞机弹射装置，与传统的蒸汽式弹射器相比，电磁弹射具有容积小、对舰上辅助系统要求低、效率高、重量轻、运行和维护费用低廉的好处。

航空母舰的武器

一般来说，除少量自卫武器外，航空母舰的武器就是它所运载的各种军用飞机。航空母舰的战斗逻辑是用飞机直接把敌人消灭在距离航空母舰数百千米之外的领域，没有一种舰载雷达的扫描范围能超过预警机，没有一种舰载反舰导弹的射程能超过飞机的航程，没有任何一种舰载反潜设备的反潜能力能超过反潜飞机或直升机，飞机就是最好的进攻和防御武器，整个航空母舰战斗群可以在航空母舰的整体控制指挥下，对数百千米外的敌对目标实施搜索、追踪、锁定、攻击，可以说是拒敌于千里之外。所以航空母舰无须再安装其他进攻性武器。但是前苏联的航空母舰同时装备有远程舰对舰导弹，从这一点来说前苏联的航空母舰是航空母舰与巡洋舰的混合体。

航空母舰战斗群基本建制

虽然航空母舰能投射大量的空中武力，但是其本身的防御能力薄弱，所以需要其他舰艇，包括水面与水下舰艇提供保护。航空母舰战斗群的分工可以看成航空母舰执行任务，而其他舰艇保护航空母舰。

航空母舰战斗群各有不同，不过现在一个美军航空母舰战斗群基本上由以下舰艇组成：一艘航空母舰、两艘巡洋舰、两至三艘驱逐舰、一艘反潜巡防舰（快速战斗支持舰）、两艘攻击潜艇、一艘补给舰。

现在一个美军航空母舰战斗群的攻击与防卫能力很复杂。大致说来是用航空母舰载运的战斗机、攻击机、预警机、反潜飞机或直升机来攻击、防卫或搜索距离航空母舰数百千米之外的敌人。其他的作战舰艇则以保护航空母舰的操作安全为第一优先，其次是支持航空母舰的攻击任务，并且担任人员的搜救工作。

航空母舰战斗群的角色则包含：保护海上运输航道的使用与安全；保护两栖部队的运输与任务执行；协同陆基飞机共同形成与维持特定地区的空中优势；以武力展示的手段满足国家利益需求；进行大规模海空正面对战。

21 世纪初各国部分航空母舰概述

21 世纪初，世界上拥有航空母舰的国家有阿根廷、法国、意大利、俄罗斯、西班牙、巴西、印度、泰国、英国、美国等。世界各国海军一共有数十艘在使用。美国拥有世界上最多的和最大的航空母舰，其他国家的航空母舰比美国的都小得多。

美国：共拥有尼米兹级航空母舰和"企业"号航空母舰在内的 11 艘大型航空母舰。

英国：无敌级航空母舰是英国皇家海军也是世界上最先采用滑跳式飞行甲板的轻型航空母舰。

法国："戴高乐"号航空母舰。

俄罗斯："库兹涅佐夫"号航空母舰。

意大利："加里波第"号航空母舰，"加富尔伯爵"号航空母舰，"凯沃尔"号航空母舰。

拓展思考

巴 西

巴西，全称为巴西联邦共和国，是拉丁美洲最大的国家，人口居世界第五，面积居世界第五。巴西的国土面积相当庞大，仅次于俄罗斯、加拿大、美国与中国，并与乌拉圭、阿根廷、巴拉圭、玻利维亚、秘鲁、哥伦比亚、委内瑞拉、圭亚那、苏里南、法属圭亚那接壤。足球是巴西人文化生活的主流，因此巴西有"足球王国"的美誉。

西班牙："阿斯图里亚斯亲王"号航空母舰。

印度："维拉特"号航空母舰。该航空母舰原为英国皇家海军的"竞技神"号，1986 年 4 月印度从英国购买。

泰国："加克里·纳吕贝特"号航空母舰。

知识小链接

泰 国

泰国全称泰王国，是东南亚的一个国家，东临老挝和柬埔寨，南面是暹罗湾和马来西亚，西接缅甸和安达曼海。在 1949 年 5 月 11 日以前，泰国的名称是暹罗。1949 年 5 月 11 日，泰国人用自己民族的名称，把"暹罗"改为"泰"，主要是取其"自由"之意，因当时的东南亚只有泰国还是独立的国家。

巴西："圣保罗"号航空母舰。

阿根廷："五月二十五日"号航空母舰。该航空母舰原为英国皇家海军巨人级航空母舰，1968 年由荷兰转卖给阿根廷。

海洋遥感

海洋遥感是指利用传感器对海洋进行远距离非接触观测，以获取海洋景观和海洋要素的图像或数据资料。海洋不断向环境辐射电磁波能量，海面还会反射或散射太阳和人造辐射源（如雷达）射来的电磁波能量，故可设计一些专门的传感器，把它装载在人造卫星、宇宙飞船、飞机、火箭和气球等携带的工作平台上，接收并记录这些电磁辐射能，再经过传输、加工和处理，得到海洋图像或数据资料。海洋遥感方式有主动式和被动式两种：①主动式遥感。先由遥感器向海面发射电磁波，再由接收到的回波提取海洋信息或成像。这种传感器包括微波散射计、雷达高度计、激光雷达和激光荧光计等。

②被动式遥感。传感器只接收海面热辐射能或散射太阳光和天空光的能量，从中提取海洋信息或成像。这种传感器包括各种照相机、可见光和红外扫描仪、微波辐射计等。海洋遥感方式因其工作平台不同又可分为航天遥感、航空遥感和地面遥感 3 种方式。

海洋遥感技术，主要包括以光、电为信息载体和以声波为信息载体的两大遥感技术。

海洋声学遥感技术是探测海洋的一种十分有效的手段。利用声学遥感技术，可以探测海底地形、进行海洋动力现象的观测、进行海底地层剖面探测，以及为潜水器提供导航、避碰、海底轮廓跟踪的信息。

海洋遥感技术是海洋环境监测的重要手段。卫星遥感技术的突飞猛进，为人类提供了从空间观测大范围海洋现象的可能性。目前，美国、日本、俄罗斯等国已发射了 10 多颗专用海洋卫星，为海洋遥感技术提供了坚实的支撑平台。

"遥感"一词首先是由美国海军科学研究部的布鲁依特提出来的。20 世纪 60 年代初，它在由美国密歇根大学等组织发起的环境科学讨论会上正式被采用，此后"遥感"这一术语得到科学技术界的普遍认同和接受，而被广泛运用。

现代遥感技术的发展引起了世界各国的普遍重视，遥感应用的领域及应用的深度在不断扩大和延伸，取得了丰硕的成果和显著的经济效益。国际学术交流日益频繁，遥感的发展方兴未艾，前景远大。

当前，就遥感的总体发展而言，美国在运载工具、传感器研制、图像处理、基础理论及应用等遥感领域均处于领先地位，体现了现今遥感技术发展的水平。前苏联也曾是遥感技术的超级大国，尤其在其运载工具的发射能力上，以及遥感资料的数量及应用上都具有一定的优势。此外，西欧、加拿大、日本等发达国家也都在积极地发展各自的空间技术，研制和发射自己的卫星系统，例如法国的 SPOT 卫星系列，日本的 JERS 和 MOS 系列卫星等。许多第三世界国家对遥感技术的发展也极为重视，纷纷将其列入国家发展规划中，大力发展本国的遥感基础研究和应用，如中国、巴西、泰国、印度、埃及和墨西哥等，都已建立起专业化的研究应用中心和管理机构，形成了一定规模的专业化遥感技术队伍，取得了一批较高水平的成果，显示出第三世界国家在遥感发展方面的实力及其应用上的巨大潜力。

纵观遥感近几十年来的发展，总的看来，当前遥感仍处于从实验阶段向生产型和商业化过渡的阶段，在其实时监测处理能力、观测精度及定量化水平，以及遥感信息机理、应用模型建立等方面仍不能或不能完全满足实际应用的要求。因此，今后遥感的发展将进入一个更为艰巨的发展历程，为此需要各个学科领域的科技人员协同努力，深入研究和实践，共同促进遥感的更大发展。

进入 21 世纪以来，遥感技术日益成为备受国际科技界关注的热点。从应用的领域来看，科学家们通过对现状的调查，总结出遥感科技主要有三个方面：一是陆地遥感；二是海洋遥感；三是气象遥感。其中，科技难度系数最大的当属海洋遥感。

我国海洋遥感整体技术与先进国家有差距的原因是我国海洋遥感技术研究的基础非常薄弱，技术队伍不成熟；针对海洋遥感问题研究的深度和广度，以及对其机理研究还没有形成系统；对海洋遥感空间数据综合分析能力明显不足。

趣味点击　**海洋卫星**

海洋卫星就是主要用于海洋水色色素的探测，为海洋生物的资源开放利用、海洋污染监测与防治、海岸带资源开发、海洋科学研究等领域服务，设计发射的一种人造地球卫星。

在差距面前，如何审视中国海洋遥感科技？我国十分重视海洋遥感技术的发展，特别是我国在海洋卫星研究方面有着自己的特色。截至目前，我国已发射 3 颗海洋卫星，将来还要研制和发射一系列海洋卫星，这将大大缩短与世界先进国家在海洋遥感技术上的距离。目前，我国海洋卫星遥感技术，以及刚刚装备的海洋监测飞机，已经在海洋环境监测等诸多方面发挥了重要的作用。同时还要通过遥感技术研究，建立我国独特的遥感海洋科学，使之达到世界先进水平。此外国际合作，无疑已成为我国海洋遥感发展的必由之路。

海洋遥感技术具有广阔的应用前景。我国是发展中的海洋大国，海岸线长，海洋国土辽阔，海洋资源丰富，同时也是海洋灾害最严重的国家之一。探测精度高、距离远、面积大的先进海洋遥感技术可在监测我国专属经济区、维护国家权益、保护海洋环境等方面广泛使用。

◖◗ 海洋导航技术

海洋导航技术，主要包括无线电导航定位、惯性导航、卫星导航、水声定位和综合导航等。

无线电导航定位系统，包括近程高精度定位系统和中远程导航定位系统。最早的无线电导航定位系统是 20 世纪初发明的无线电测向系统。20 世纪 40 年代起，人们研制了一系列双曲线无线电导航系统，如美国的"罗兰"，英国的"台卡"等。

卫星导航系统是发展潜力最大的导航系统。1964 年，美国推出了世界上第一个卫星导航系统——海军卫星导航系统，又称子午仪卫星导航系统。目前，该系统已成为使用最为广泛的船舶导航系统。

中国的海洋导航定位技术起步较晚。1984 年，中国从美国引进一套标准"罗兰－C"台链，在

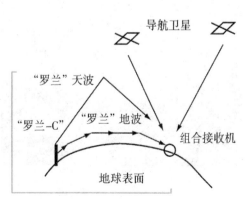

"罗兰－C"和卫星导航的联合应用示意图

南海建设了一套远程无线电导航系统，即"长河"2 号台链，填补了中国中远程无线电导航领域的空白。在卫星导航方面，中国注重发展陆地、海洋卫星导航定位，已成为世界上卫星定位点最多的国家之一。

近年来，我国具有自主知识产权的卫星导航系统——北斗卫星导航系统已研究开发成功。该系统具有快速定位、双向通信和精密授时三大功能。它由北斗定位卫星为主的空间端、地面控制中心为主的地面端、北斗用户端三部分组成。北斗卫星导航系统可向用户提供全天候、24 小时的即时定位服务，授时精度可达数十纳秒的同步精度，三维定位精度约几十米。目前，该系统已在测绘、电信、水利、公路交通、渔业生产、海洋、勘探等方面得到广泛应用。

深海探测技术

1554 年，意大利人塔尔奇利亚发明制造了木质球形潜水器，对后来潜水器的研制产生了巨大影响。第一艘有实用价值的潜水器是英国人哈雷于 1717 年设计的。

"的里雅斯特"号深潜器

过去人们利用潜水器大多是探寻沉船宝物，这些潜水器都是没有动力的，它们必须用管子和绳索与水面上的母船保持联系。20 世纪 50 年代以后，出现了各种以科学考察为目的的自航深潜器。1948 年，瑞士的皮卡德制造出"弗恩斯"3 号深潜器并下潜到 1370 米。虽然该深潜器载人舱严重进水，但开创了人类深潜的新纪元。1951 年，皮卡德和他儿子造出了著名的"的里雅斯特"号深潜器。该深潜器长 15.1 米，宽 3.5 米，可载 3

人。1953 年 9 月，"的里雅斯特"号在地中海成功下潜到 3150 米。1955 年，皮卡德和他儿子将"的里雅斯特"号卖给美国，同时为美国建造新型的深潜器。新的"的里雅斯特"号于 1958 年建成，首次试潜就达到 5600 米，第二年达到 7315 米。1960 年，美国利用新研制的深潜器首次潜入世界大洋最深处——马里亚纳海沟，下潜深度 10916 米。1980 年，法国"逆戟鲸"号无人深潜器下潜 6000 米。日本"海沟"号无人潜水探测器（最大潜水深度 1.1 万米），1997 年 3 月 24 日在太平洋关岛附近海区，从 4439 吨级的"横须"号母船上放入水中，成功地潜到 10911 万米深的马里亚纳海沟底部，这是当时无人探测器的潜水世界最高纪录。潜水器可以完成多种科学研究及救生、修理、寻找、探查、摄影等工作。如"阿尔文"号曾找到过落入地中海的氢弹和"泰坦尼克"号沉船。

"海洋" 4 号

拓展思考

可燃冰

　　可燃冰是分布于深海沉积物或陆域的永久冻土中，由天然气与水在高压低温条件下形成的类冰状的结晶物质。因其外观像冰一样而且遇火即可燃烧，所以被称作"可燃冰"。

　　我国"海洋"4 号科考船采用新研制的"气密性孔隙水原位采样系统"，首次在南海中央海盆 4000 多米深的海底成功获取孔隙水样品。这标志着我国对可燃冰的深海探测技术又取得了新的突破。

　　可燃冰为天然气水合物的俗称，是公认的 21 世纪替代能源之一，开发利用潜力巨大。对海底沉积物孔隙水的原位采集及现场分析，是在深海海域快速、高效探查可燃冰的有效手段。而过去对孔隙水的提取往往采用间接采样的方法：先采集沉积物，之后在实验室通过压榨、离心和真空过滤抽提等手段进行提取。一般仅在湖泊、浅海等处采用渗透法获取原位孔隙水。而对于较深海域孔隙水的原位提取，一直是困扰国际地球化学家们的难题。

我国将在国际海底圈定一块满足商业开发所需资源量的海底富钴结壳区域，并兼顾该区域其他资源的前期调查，开展海底热液硫化物的调查。同时，我国全面启动深海生物基因的研究开发。

我国还将积极发展海底探测与大洋资源勘察评价关键技术，突破深海作业技术、海底多参数探测技术、深海海底原位探测技术、深海工作站、矿产和生物基因直视取样技术，形成深海探测与取样技术体系。

📂 海水淡化技术

世界上淡水资源不足，已成为人们日益关切的问题。19世纪争煤，20世纪争油，有人预言，21世纪可能争水。

海水淡化即利用海水脱盐生产淡水。海水淡化是实现水资源利用的开源增量技术，可以增加淡水总量，且不受时空和气候影响，水质好、价格渐趋合理，可以保障沿海居民饮用水和工业锅炉补水等稳定供水。

第一个海水淡化工厂于1954年建于美国，现在仍在得克萨斯州的弗里波特运转着。佛罗里达州的基韦斯特市的海水淡化工厂是世界上最大的一个，它供应着城市的用水。

1953年，一种新的海水淡化方式问世了，这种方法利用半透膜来达到将淡水与盐分离的目的。这就是反渗透法。反渗透法最大的优点就是节能，生产同等质量的淡水，它的能源消耗仅为蒸馏法的1/40。因此，从1974年以来，发达国家不约而同地将海水淡化的研究方向转向了反渗透法。

这些现代意义上的海水淡化技术是在第二次世界大战以后才发展起来的。

战后由于国际资本大力开发中东地区石油，使这一地区经济迅速发展，人口快速增加，这个原本干旱的地区对淡水资源的需求与日俱增。而中东地区独特的地理位置和气候条件，加之其丰富的能源资源，又使得海水淡化成为该地区解决淡水资源短缺问题的现实选择，并对海水淡化装置提出了大型化的要求。

在这样的背景下，20世纪60年代初，多级闪蒸海水淡化技术应运而生，现代海水淡化产业也由此步入了快速发展的时代。

海水淡化技术的大规模应用始于干旱的中东地区，但并不局限于该地区。由于世界上70%以上的人口都居住在离海洋120千米以内的区域，因而海水淡化技术近20多年迅速在中东以外的许多国家和地区得到应用。目前，海水淡化已遍及全世界约125个国家和地区，淡化水大约养活世界5%的人口。海水淡化，事实上已经成为世界许多国家解决缺水问题，普遍采用的一种战略选择，其有效性和可靠性已经得到越来越广泛的认同。

◎ 蒸馏法

蒸馏法虽然是一种古老的方法，但由于技术不断地改进与发展，该法至今仍占统治地位。蒸馏淡化过程的实质就是水蒸气的形成过程，其原理如同海水受热蒸发形成云，云在一定条件下遇冷形成雨，而雨是不带咸味的。根据所用能源、设备、流程的不同可将蒸馏法分为设备蒸馏法、蒸汽压缩蒸馏法、多级闪急蒸馏法等。

◎ 冷冻法

冷冻法，即冷冻海水使之结冰，在液态淡水变成固态冰的同时盐被分离出去。冷冻法与蒸馏法都有难以克服的弊端，其中蒸馏法会消耗大量的能源并在仪器里产生大量的锅垢，而所得到的淡水却并不多；而冷冻法同样要消耗许多能源，但得到的淡水味道却不佳，难以使用。

◎ 反渗透法

反渗透法通常又称超过滤法，是 1953 年才开始采用的一种膜分离淡化法。该法是利用只允许溶剂透过、不允许溶质透过的半透膜，将海水与淡水分隔开的。在通常情况下，淡水通过半透膜扩散到海水一侧，从而使海水一侧的液面逐渐升高，直至一定的高度才停止，这个过程为渗透。此时，海水一侧高出的水柱静压称为渗透压。如果对海水一侧施加一大于海水渗透压的外压，那么海水中的纯水将反渗透到淡水中。反渗透法的最大优点是节能。它的能耗仅为电渗析法的 1/2，蒸馏法的 1/40。因此，从 1974 年起，美日等发达国家先后把发展重心转向反渗透法。反渗透海水淡化技术发展很快，工程造价和运行成本持续降低，主要发展趋势为降低反渗透膜的操作压力，提高反渗透系统回收率，发展廉价高效预处理技术，增强系统抗污染能力等。

基本小知识

超过滤

超过滤是一种以压力差为推动力，按粒径选择分离溶液中所含的微粒和大分子的膜分离操作。超过滤将液体混合物分成滤液和浓缩液两部分：滤液为溶液或在其中含有粒径较小的微粒的悬浮液；浓缩液中保留原料液中所有较大的微粒。因此，超过滤的用途主要是溶液过滤和澄清，以及大分子溶质的分级。

◎ 太阳能法

人类早期利用太阳能进行海水淡化，主要是利用太阳能进行蒸馏，所以早期的太阳能海水淡化装置一般都称为太阳能蒸馏器。太阳能蒸馏系统的例子就是盘式太阳能蒸馏器，人们对它的应用已经有了近 150 年的历史。由于它结构简单、取材方便，至今仍被广泛采用。目前对盘式太阳能蒸馏器的研究主要集中于材料的选取、各种热性能的改善以及将它与各类太阳能集热器配合使用上。与传统动力源和热源相比，太阳能具有安全、环保等优点，将太阳能采集与脱盐工艺两个系统结合是一种可持续发展的海水淡化技术。太阳能海水淡化技术由于不消耗常规能源、无污染、所得淡水纯度高等优点而逐渐受到人们重视。

◎ 多效蒸发法

多效蒸发是让加热后的海水在多个串联的蒸发器中蒸发，前一个蒸发器蒸发出来的蒸汽作为下一蒸发器的热源，并冷凝成为淡水。多效蒸发技术由于节能的因素，近年来发展迅速，装置的规模日益扩大，成本日益降低，主要发展趋势为提高装置单机造水能力，采用廉价材料降低工程造价，提高操作温度，提高传热效率等。

◎ 多级闪蒸法

所谓闪蒸，是指一定温度的海水在压力突然降低的条件下，部分海水急剧蒸发的现象。多级闪蒸海水淡化是将经过加热的海水，依次在多个压力逐渐降低的闪蒸室中进行蒸发，将蒸汽冷凝而得到淡水。目前，全球海水淡化装置仍以多级闪蒸方法产量最大，技术最成熟。该方法运行安全性高，弹性大，主

多级闪蒸装置

要与火电站联合建设，适合于大型和超大型淡化装置，主要在海湾国家采用。多级闪蒸技术成熟、运行可靠，主要发展趋势为提高装置单机造水能力，降低单位电力消耗，提高传热效率等。

◎ 电渗析法

该方法的技术关键是新型离子交换膜的研制。离子交换膜是 0.5～1 毫米厚度的功能性膜片，按其选择透过性区分为正离子交换膜（阳膜）与负离子交换膜（阴膜）。电渗析法是将具有选择透过性的阳膜与阴膜交替排列，组成多个相互独立的隔室海水被淡化，而相邻隔室海水浓缩，淡水与浓缩水得以分离。电渗析法不仅可以淡化海水，也可以作为水质处理的手段，为污水再利用作出贡献。此外，这种方法也越来越多地应用于化工、医药、食品等行业的浓缩、分离与提纯。

◎ 压汽蒸馏法

压汽蒸馏海水淡化技术，是海水预热后，进入蒸发器并在蒸发器内部分蒸发。所产生的二次蒸汽经压缩机压缩提高压力后引入到蒸发器的加热侧。蒸汽冷凝后作为产品水引出，如此实现热能的循环利用。

◎ 露点蒸发法

露点蒸发淡化技术是一种新的苦咸水和海水淡化方法。它基于载气增湿和去湿的原理，同时回收冷凝去湿的热量，传热效率受混合气侧的传热控制。

知识小链接

蒸 发

蒸发是指液体温度低于沸点时，发生在液体表面的汽化过程，在任何温度下都能发生。影响蒸发快慢的因素：温度、湿度、液体的表面积、液体表面的空气流动等。蒸发量通常用蒸发掉的水层厚度的毫米数表示。现代汉语中，常形容人或物反常地呈现出近乎消失的状态。

此外，以上方法的其他组合也日益受到重视。在实际选用中，究竟哪种方法最好，也不是绝对的，要根据规模大小、能源费用、海水水质、气候条件以及技术与安全性等实际条件而定。

实际上，一个大型的海水淡化项目往往是一个非常复杂的系统工程。就主要工艺过程来说，包括海水预处理、淡化（脱盐）、淡化水后处理等。其中海水预处理是指在海水进入淡化功能的装置之前对其所作的必要处理，如杀除海生物，降低浊度，除掉悬浮物（对反渗透法），脱气（对蒸馏法），添加必要的药剂等；脱盐则是通过上列的某一种方法除掉海水中的盐分，是整个淡化系统的核心部分，这一过程除要求高效脱盐外，往往需要解决设备的防腐与防垢问题，有些工艺中还要求有相应的能量回收措施；淡化水后处理则是对不同淡化方法的产品水针对不同的用户要求所进行的水质调控和贮运等处理。海水淡化过程无论采用哪种淡化方法，都存在着能量的优化利用与回收，设备防垢和防腐，以及浓盐水的正确排放等问题。

中国海水淡化虽基本具备了产业化发展条件，但研究水平及创新能力、装备的开发制造能力、系统设计和集成等方面与国外仍有较大的差距。当务之急是尽快形成中国海水淡化设备市场的完整产业链条。围绕制约海水淡化成本降低的关键问题，发展膜与膜材料、关键装备等核心技术，研发具有自主知识产权的海水淡化新技术、新工艺、新装备和新产品，提高关键材料和关键设备的国产化率，增强自主建设大型海水淡化工程的能力。

◤ 锰结核的开发

◎ 锰结核

21 世纪是海洋开发的世纪。在当前各国领土范围基本确定和陆地资源日趋减少的情况下，战略资源的国际竞争焦点集中在极地、空间、海洋。深海金属矿资源被认为是 21 世纪陆地矿最重要的可接替资源，作为人类尚未开发

锰结核

的宝地和高技术领域之一，已经成为各国的重要战略目标。目前，世界上许多国家的深海采矿活动都是在《联合国海洋法公约》的框架下和国际海底管理局的规范引导下进行的。深海区域将成为 21 世纪多种自然资源的战略性开发基地，深海区域资源的竞争与开发日益成为全球事务的一个突出问题。

深海矿产资源开采技术是海洋资源开发技术的最前沿，标志着一个国家开发海洋资源的综合能力和技术水平。西方各国从 20 世纪 50 年代末开始投资进行深海矿藏区域活动，抢先占有最具商业远景多金属结核富矿区，并且已形成了多金属结核商业开采前的技术储备。随着科技的不断进步，人类所能到达的海洋开采深度逐渐增加。目前，海洋油气资源领域的海上工业平台最大开采深度已经突破了 3000 米，深海各项开采技术也在不断跟进和完善。据此趋势可以推测，人类将于 2019 年达到多金属结核的开采深度。

大洋底蕴藏着极其丰富的矿藏资源，锰结核就是其中的一种。锰结核是沉淀在大洋底的一种矿石。它表面呈黑色或棕褐色，形状如球状或块状。它含有 30 多种金属元素，其中最有商业开发价值的是锰、铜、钴、镍等。

锰结核存在的形式为硅酸盐和难溶性高锰酸盐（高锰酸亚钛、高锰酸铁、高锰酸铝等）的混合物锰结核中各种金属成分的含量大约：有经济价值的有锰（27%～30%）、镍（1.25%～1.5%）、铜（1%～1.4%）及钴（0.2%～0.25%）。其他成分有铁（6%）、硅（5%）和铝（3%），亦有少量钙、钠、镁、钾、钛和钡，还带有氢和氧。

铜、钴、镍等 76 种金属元素是陆地上紧缺的矿产资源，有必要开采海底锰结核获取这些金属。美国锰矿全靠进口，对从锰结核生产锰也大感兴趣，所以美国最为重视锰结核开发。美国在大洋锰结核开发技术方面也处于领先地位。

◎ 锰结核的来源

深海矿藏的来源，大致有四方面：

一是来自大陆或岛屿的岩石风化后释放出铁、锰等元素，其中一部分被洋流带到大洋沉淀。

二是来自火山，岩浆喷发产生的大量气体与海水相互作用时，从熔岩中搬走一定量的铁、锰，使海水中锰、铁越来越多。

三是来自生物，浮游生物体内富含微量金属，它们死亡后，尸体分解，金属元素也就进入海水。

四是来自宇宙，有关资料表明，宇宙每年要向地球降落 2000～5000 吨宇宙尘埃，它们富含金属元素，分解后也进入海洋。

◎ 锰结核的储量与分布

锰结核广泛地分布于世界海洋 2000～6000 米水深海底的表层，而以生成于 4000～6000 米水深海底的品质最佳。锰结核总储量在 30000 亿吨以上。其中以北太平洋分布面积最广，储量占一半以上，约为 17000 亿吨。锰结核密集的地方，每平方米面积上就有 100 多千克，简直是一个挨一个铺满海底。

锰结核中 50% 以上是氧化铁和氧化锰，还含有镍、铜、钴、钼、钛等 20 多种元素。仅就太平洋底的储量而论，这种锰结核中含锰 4000 亿吨、镍 164 亿吨、铜 88 亿吨、钴 98 亿吨，其金属资源相当于陆地上总储量的几百倍甚至上千倍。如果按照目前世界金属消耗水平计算，铜可供应

大洋底部锰结核

600 年，镍可供应 15000 年，锰可供应 24000 年，钴可满足人类 130000 年的需要。如果把它们全开采出来，锰可供人类使用 3.33 万年，镍可以用 2.53 万年，钴可用 34 万年，铜可以用 980 万年。这是一笔多么巨大的财富啊！而且这种结核增长很快，每年以 1000 万吨的速度在不断堆积，因此，锰结核将成为一种人类取之不尽的"自生矿物"。锰结核是怎样形成的呢？科学家估计，地球已有 50 亿年的历史，在这过程中，它在不断地变动。通过地壳中岩浆的活动，以及地壳表面剥蚀搬运和沉积作用，形成了多种矿藏。雨水的冲蚀使地面上溶解一部分矿物质流入了海内。在海水中锰和铁本来是处于饱和状态的，由于这种河流夹带作用，使这两种元素含量不断增加，引起了过饱和沉淀，最初是以胶体态的含水氧化物沉淀出来。在沉淀过程中，又多方吸附铜、钴等物质并与岩石碎屑、海洋生物遗骨等形成结核体，沉到海底后又随着底流一起滚动，像滚雪球一样，越滚越大，越滚越多，形成了大小不等的锰结核。

◎ 锰结核的发现与价值

1872—1876 年，英国的一艘叫"挑战者"号的三桅帆船，在海上进行了长达 3 年多的考察，这次考察收获不小，队员们带回了一些像瘤子一样的东西，是从不同地区的海底捞上来的，开始谁也不知道是什么。于是，队员们就拿到化验室去分析，结果发现这种像瘤子一样的玩意儿的主要成分是锰，于是有人就把这种黑玩艺叫"锰矿瘤"，因为它又像患结核病人的结核，所以后来都叫锰结核或金属结核。

后来，美国的海洋学家听到英国考察队的收获后，也派人在太平洋洋底寻找这种矿物。一次，他们在夏威夷附近的海底发现了一块重达 57 千克的锰结核。更巧的一次是海洋学会的一条水下电缆发生故障，在修理电缆的过程中，他们发现了一个更大的锰结核，有 136 千克重。可惜的是，这些人嫌它太重，只给它描绘了一张图，就又把它丢进了海里，结果一个极好的锰结核标本没有能进入海洋博物馆。

不久，前苏联的维特亚兹考察队在印度洋海底也发现了含铁和锰的铁锰结核。但是，在第二次世界大战以前，人们对深海里的这些东西并没有很大兴趣，一是陆地上的锰和铁并不感到缺乏，二是到海底捞这些东西也挺困难。但到第二次世界大战之后，世界上生产的锰钢越来越多，锰这类金属（还有铜、镍、钴等）就愈来愈缺乏。于是，人们就想起了海底的这些宝贝。尤其是美国、法国、德国、前苏联、日本、新西兰、印度等国对深海锰结核开展了大量的勘察工作，都想从海底把这些金属矿弄出来。要知道，有些锰结核中的锰含量高达 50%，铁含量达 27%。有些锰结核中的二氧化锰含量竟达 98%，甚至可以不进行任何处理就能直接用来生产一种蓄电池。

锰结核除锰以外还含有铁、镍、铜、钴、钛等 20 多种金属元素，含量都很高。锰结核所富含的金属，广泛地应用于现代社会的各个方面。如金属锰可用于制造锰钢，极为坚硬，能抗冲击、耐磨损、大量用于制造坦克、钢轨、粉碎机等。锰结核所含的铁是炼钢的主要原料，所含的金属镍可用于制造不锈钢，所含的金属钴可用来制造特种钢。所含的金属铜大量用于制造电线。锰结核所含的金属钛，密度小、强度高、硬度大，广泛应用于航空航天工业。锰结核不仅储量巨大，而且还会不断地生长。生长速度因时因地而异，平均每千年长 1 毫米。以此计算，全球锰结核每年增长 1000 万吨。锰结核堪称"取之不尽，用之不竭"的可再生多金属矿物资源。

锰结核里包含多种战略物资，必将引起资源争夺。1978 年，日本采矿船用抽吸式和气动提升式采集锰结核获得成功。美国已用 20 万吨级的采矿船，用自动控制的设备采集南太平洋底的锰结核。

我国的海洋调查船已于 1979 年开始采集南太平洋的锰结核样品。1988 年初，"海洋"4 号船在

巨大的锰结核

南海水深 1480 米处采获锰结核 262.72 千克，其中最重的一块为 39.3 千克。1988 年底，"向阳红" 16 号船在太平洋圈定 10 万平方千米的锰结核远景矿区，为研究、开发和利用海底宝藏提供了宝贵的资料。

◎ 开发技术与开发历史

20 世纪初，美国海洋调查船 "信天翁" 号在太平洋东部的许多地方采到了锰结核，并且得出初步的估计报告说，太平洋底存在锰结核的地方，其面积比美国都大。尽管如此，在那时也没有引起人们多大的重视。

1959 年，长期从事锰结核研究的美国科学家约翰·梅罗发表了关于锰结核商业性开发可行性的研究报告，引起许多国家的冶金企业的重视。此后，对于锰结核资源的调查、勘探大规模展开。开采、冶炼技术的研究和试验也迅速推进。在这方面投资多、成绩显著的国家有美国、英国、法国、德国、日本、俄罗斯、印度和中国等。到 20 世纪 80 年代，全世界有 100 多家从事锰结核勘探开发的公司，并且成立了 8 个跨国集团公司。

研究试验的锰结核开采方法也有许多种。比较成功的方法有链斗法、水力升举法和空气升举法等。链斗法采掘机械就像旧式农用水车那样，利用绞车带动挂有许多戽斗的绳链不断地把海底锰结核采到工作船上来。

水力升举法海底采矿机械，是通过输矿管道，利用水力把锰结核连泥带水地从海底吸上来。空气升举法同水力升举法原理一样，只是直接用高压空气连泥带水地把锰结核吸到采矿工作船上来。

20 世纪 80 年代，美国、日本、德国等国矿产企业组成的跨国公司，使用这些机械，取得日产锰结核 300～500 吨的开采成绩。在冶炼技术方面，美、法、德等国也都建成了日处理锰结核 80 吨以上的试验工厂。总之，锰结核的开采、冶炼，在技术上已不成问题，一旦经济上有利，便可形成新的产业，进入规模生产。

我国从 20 世纪 70 年代中期开始进行大洋锰结核调查。1978 年，"向阳红" 10 号船在太平洋 4000 米水深海底——首次捞获锰结核。此后，从事大洋锰结核勘探的中国海洋调查船还有"向阳红"16 号、"向阳红"9 号、"海洋"4 号、"大洋"1 号等。经多年调查勘探，在夏威夷西南，北纬 7 度至 13 度，西经 138 度至 157 度的太平洋中部洋区，探明一块可采储量为 20 亿吨的富矿区。1991 年 3 月，联合国海底管理局正式批准"中国大洋矿产资源研究开发协

"向阳红"10 号调查船

会"的申请，从而使中国得到 15 万平方千米的大洋锰结核矿产资源开发区。同时，依据 1982 年《联合国海洋法公约》，中国继印度、法国、日本、俄罗斯之后，成为第 5 个注册登记的大洋锰结核采矿"先驱投资者"。

2011 年 7 月 28 日和 30 日，我国 5000 米"蛟龙"号载人潜水器顺利完成 5000 米级海上试验第三、四次下水任务。"蛟龙"号成功下潜 5000 米深度后，给我们带回来了 5000 米海底锰结核的画面，这也是 5000 米海底锰结核画面的首次公开。"蛟龙"号同时带回 5000 米海底锰结核样本，使我国开发海底锰结核矿藏迈出重要一步。